掃除速速叫！懶人專用の
家事完勝手冊

專業清潔達人 賴彥妃、活泉書坊編輯團隊 / 聯合編著

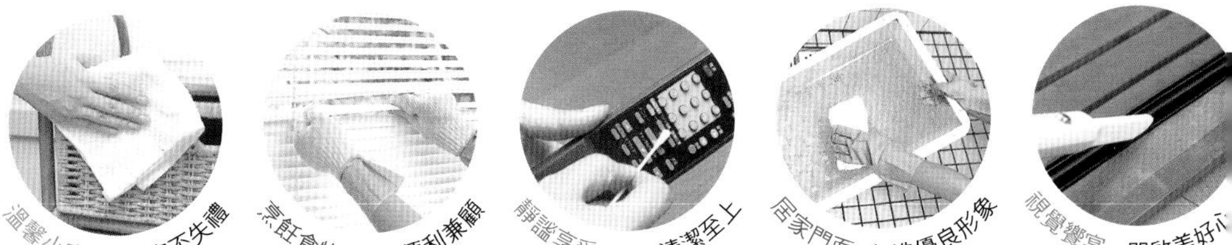

溫馨小廳堂．待客不失禮　烹飪食物．衛生便利兼顧　靜謐享受空間．清潔至上　居家門面．打造優良形象　視覺饗宴．開啟美好心

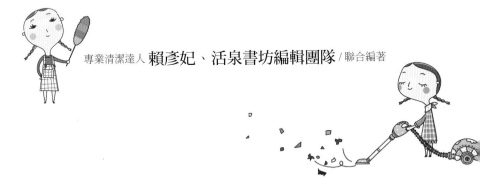

preface

編者序

每當接近過年時節，編輯部便經常接到讀者來函詢問有關居家掃除的問題，甚至在活泉書坊的Facebook上，看到很多粉絲抱怨家事做不完，或是提到居家收納的問題，其實會排斥做家事的人多是因為感受不到成就感，或是不知該從何做起，所以在雜物、髒汙不斷累積以及厭惡做家務的惡性循環下，「居家掃除」便成為一件無人願意動手的苦差事。

一般人會認定掃除是烹飪之後對廚房的清潔工作，或是過年時節，將家中徹底整理一番的大掃除。但其實清掃工作並不僅止於此，我們應該以更為專業且省時、省力的角度來看待，只要抱持積極的心態來進行居家清掃，行動不僅將格外起勁，甚至還能從做家事中，訓練我們同步進行、省時省力的內在能力。

因此，只要運用正確的方法，我們甚至還能發揮創意來改造一些使清潔更方便的道具，進而讓「做家事」變得更有趣。故本書特別囊括人氣部落格、掃除達人等居家掃除祕方，提供省時、省力的生活小撇步。即便是平常不想做家事的懶人一族，也可透過簡單便利的清掃小工具來完成居家清潔的艱難任務。在明瞭本書的掃除實用小祕方後，趕緊著手進行清理工作吧！

活泉書坊編輯團隊　謹識

C O N T E N T S

目　錄

personality

個性掃除法

人的個性千差萬別，形形色色。有些人凡事按部就班，每天一點一點地完成打掃工作；有些人則是集中一天一口氣完成清潔事宜。每個人的生活方式因個性的不同可分為多種型態，因此，掃除的方法、形式當然也就包羅萬象，你不妨找找既適合自己個性，又能樂在其中的掃除法。

你是A小姐？還是B小姐？

讓我們來找出符合自己個性、生活方式的掃除方法。

左列問題中，數數看你的答案是YES的有幾個。

□總是喜歡像下棋般地去猜測對方的心理、行動。

□將書桌抽屜裡分區,且物品被分門別類地放置整齊。

□每日一定要做的習慣有三樣以上。

□能夠井然有序地同時進行兩件以上的事情。

□非得需要大費周章才能解決的事情，才會有幹勁想做。

□認為與其考慮目前的事情，還不如規劃未來幸福的人生。

□總是將自己最喜歡吃的食物留到最後才吃。

□絕對不允許不符常理的情形存在，凡事按規矩來行事。

□盡可能每日清洗髒衣物，不會讓髒衣服堆積如山。

□在家的時間比外出的時間久。

□大家都認為你是一板一眼的人，而你自己也這麼認為。

診斷

若你的答案中是YES的有6個以上，表示你偏好凡事隨手收拾清理，不喜歡一次性的大掃除，屬於平常就隨時打掃清潔的A小姐型。若你的YES的有5個以下，表示你是不思則已，一旦下定主意打掃時，馬上會起而力行的B小姐型。

平常在家就會一邊看電視一面掃除灰塵，仔細地清掃家中塵垢。即使不選特定日子進行掃除工作也無妨，是屬於將掃除工作平均分攤在每一天的類型。

「由小地方著手，每日平均分配」的 A小姐

凡事有計畫性，偏向每天孜孜不倦，一點一滴地進行，喜歡積少成多，屬於馬拉松選手型。此型的人平時就打掃得很仔細，從不堆積家事。對於一氣呵成的大掃除通常招架不住。

凡事都依計畫行動的你，與一次性的掃除工作相比，平日就隨時清掃的方式較適合你。今日事今日畢，若將今天的髒汙在今天之內清理完畢，就會有一整天的休假可以從事自己喜歡的活動。成為勤奮Ａ小姐的祕訣在於：不論作菜、洗澡或任何活動後，一定要將環境恢復原來的面貌。

這類型的人工作時必定全力以赴，根本無心顧及清掃事宜。然而當她一察覺有塵埃堆積時，就是她的掃除時間。必定會一口氣將屋子內外清掃得一塵不染。

「幹勁十足，一氣呵成」的 B小姐

凡事黑白分明，幹勁一來時往往能在短時間內完成工作，屬於短期集中的短跑選手型。此型的人對於掃除傾向一氣呵成。讓他們每天做一點，對他們而言，無疑是天方夜譚。

凡事想做就做的你，如果下定決心今天做，馬上就會徹底清掃，而且每一處角落都不放過。對於平時忙於工作、遊樂而無暇顧及打掃的人，建議你採用此種方式。將平日堆積的汙垢集中一次清掃乾淨。而且，積極地活動身體，連帶也能幫助轉換心情，可謂是一石二鳥。

泡完澡後總是習慣用蓮蓬頭將浴缸整個沖洗一遍。由於有這樣的習慣，你會意外發現清潔浴缸時省事不少，是個做任何事之前都會考慮再三且謹慎小心的人。

做菜的同時，一邊進行收拾清理的工作，一邊處理烹調後所產生的油汙，在用餐後不僅能好好地放鬆休息，其廚房不太需要特別清掃，也可常保光亮潔淨。

每一件物品都有固定的擺放位置，用完後每次都能歸回原位。看不慣家中東西散亂一地，總是收拾得井然有序。在此，吸塵器是最適宜的掃除用具，即使每天使用也十分方便，又不麻煩。

對於在外奔波努力的自己而言，結束繁忙的一天，掃除其實可以說是消遣娛樂。因為工作忙得不可開交，總是沒辦法顧及家事，所以會選定一天來徹徹底底地打掃！

雖然很喜歡做菜，然而對善後收拾的工作卻覺得十分棘手。偶爾一時興起也會將髒汙的水槽擦得光亮，同時藉由清潔工作來抒發緊張的壓力，讓心情煥然一新。

物品喜歡放置於隨手可得之處，取用相當便利。並總將東西收拾整齊，免去需要時再東找西找的麻煩。使用吸塵器時也只清掃無雜物地帶，這是B小姐特有的清掃法。

該如何平衡潔淨的空間與有限的時間，
只要打開本書，照著達人的超效清潔術，
從此就能乾乾淨淨過日子！

Chapter 1

基本功
養成家事王

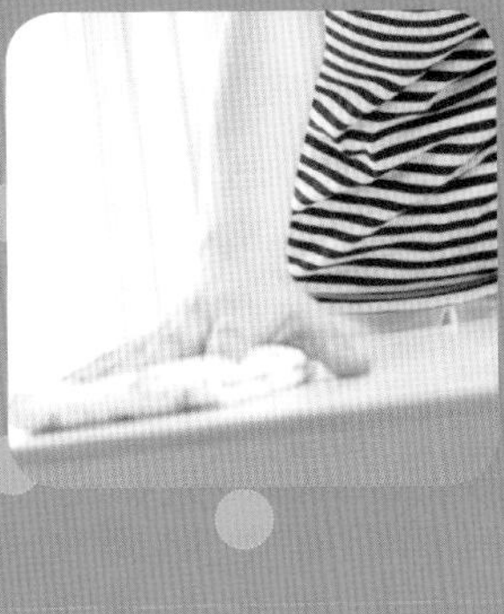

cleaning

大掃除

無論做任何掃除工作，都將它視爲進行某件事的先前準備工作，抱持著積極的態度，做起家事來將會變得十分起勁！此外，若你不把它當成是收拾善後的工作，而視其爲準備工作時，反而能確實排定打掃的先後順序，讓你意外地發現打掃的效率不斷提高。

掃除工作是什麼？

你認為掃除工作是什麼？相信會有不少人的答案是「處理善後之類的整理工作」。在一般人的印象中，大致認為掃除是一些如烹飪後，整理廚房、餐廳的清潔工作；或是沐浴後清除浴缸內的水鏽、皂垢等諸如此類的苦差事。然而，我們應該重新看待掃除，轉換成是為了洗個舒服愉快的澡，而將浴室事先打掃乾淨；為了能迅速俐落地準備晚餐，而事前清掃廚房等正面思想，相信你將會對掃除工作產生不同的想法。

掃除方法因人而異

對於個性一絲不苟的人而言，會因希望家中一塵不染而每天使用吸塵器清潔。相反地，對於不拘小節、終日忙碌的人而言，家裡可能會在不知不覺中積留灰塵，因此他們通常會利用假日，花費一整天的時間來打

掃屋子內外。然而，我們無法斷言這兩種模式的好壞。

其實，只要是適合自己的掃除方式就是最好的。大體說來，能早點清除髒亂當然是最理想的模式，如果你是屬於個性漫不經心、不拘小節的人，應盡量避免家中累積塵埃！

重新看待掃除

不僅是個性會影響掃除的習慣，就連興趣、生活方式的不同，都會影響每個人掃除的方法。舉例來說，工作繁忙的人，只有休假日才會在家中用餐，因此清掃廚房的工作只需要重點整理、檢查一下就可以了。但如果是喜歡油炸類、煎炒類料理，又經常做飯的家庭，牆壁上一定累積了厚厚的油汙，這就必須一個月進行一次徹底的清掃。

此外，若家中有人有抽菸的習慣，就得勤於清掃燈具及牆壁了。因此，打掃方式也因每個人的著重點不同而有所差異。若要掌握自己專屬的掃除週期，何不利用本書最後的附錄，試著訂立適合自己的計畫表呢？

健康的身體來自於整潔的環境

掃除與健康是密不可分的，整潔的環境攸關身體健康。生活在乾淨清爽的空間，將有助於放鬆心情、紓解精神壓力。室內環境的整潔攸關身體健康，舉例來說，室塵將會引發過敏性疾病（如氣喘、過敏性皮膚炎等）。

許多例子證實，只要徹底清掃屋內，過敏性疾病便會不藥而癒了。此外，若能在打掃時徹底清潔消毒，就能輕易預防因環境不潔而發生的食物中毒。

有鑑於此，在清掃房子時，一定要首重衛生與潔淨，才能保有整潔的環境。

積極、愉快地進行掃除工作

知道掃除的重要性後，我們就趕緊著手進行掃除工作吧！既然要做，就要積極、愉快且徹底打掃。畢竟，生活在對身心有益，令人舒爽的環境中，人們的內心才能逐漸散發光芒。所以，當你將居家環境整理得光鮮亮麗，連帶地也會使你容光煥發、神清氣爽。

tools and skills

工具與技巧

所謂打掃並不只是去除汙垢，而是要將汙垢移至別處。因此，使用能移除汙垢的工具是相當重要的。我們常用的清潔工具不外乎是抹布、刷子，但是掃除專家們除了運用抹布及刷子之外，還會利用刮刀、鋼絲絨球刷、砂紙等專業工具。

人人都會的掃除技巧

關於這些掃除工具以下分別說明：專家通常都會使用舊毛巾而不使用縫製的抹布，因為舊毛巾可不斷地折疊重複擦拭，而遇到較狹窄不容易擦拭的地方也能很方便地去除灰塵，其運用方式有下列五種：

❶未上漆的白松木、木門或木窗框等，因其容易吸收水分，只能用**乾拭法**來除去灰塵。前述所謂的容易吸收水分指的不僅是水，甚至連水中的汙垢也會被吸收，長時間下來反而會弄髒這些家具甚或使木頭受潮。

❷耐水性良好的材質即可用**濕拭法**，這種方法適用於髒汙不是很嚴重或碰到洗潔劑會變色的材質。

❸**洗潔劑擦拭法**是我們一般人最常使用的方法，但清潔專家們並不會把洗潔劑倒入水中，只是在濕抹布上噴上適量的洗潔劑，這是因為稀釋的清潔劑濃度無法與髒汙程度作適當的配合，且擦拭過髒汙的抹布只要稍微在水桶中清洗一

下，水桶裡的水馬上就會變得很混濁。

❹ **吸拭法**是指用來吸拭沾有果汁的地毯而並非用刷洗的方式，其功效為吸取汙漬不讓它擴大。

❺ **脫水擦拭法**是利用脫水機將抹布的水分脫乾。這種方法不像乾拭法會使灰塵四處飛揚，而其優點在於能完全脫乾多餘的水分。事實上，化學抹布就是應用這種方法製造而成的，這種方式適用於各種材質的家具。以上簡單地對抹布的運用方法作解說，讀者應視情況而定，選擇最適合的清潔方式。

讓你事半功倍的掃除用具

❶ **刮刀**主要是用來刮除抽風扇上黏膩的油垢。清洗抽風扇前應先用刮刀將油汙刮掉，然後再用刷子沾取洗潔劑來刷洗通風扇，若不先將油汙刮掉而直接以洗潔劑清洗，只會讓抽風扇上的油垢面積更加擴大；此外，如黏在玻璃窗上的汙垢也可先用刮刀刮除。

❷ **鋼絲絨球刷**的使用時機為抹布和刷子也無法去除汙漬的時刻。但是要注意鋼絲絨球刷很容易傷害物品材質，所以進行刷洗時要注意手的力道，不要刮傷物品。不過，若連鋼絲絨球刷也無法去除汙垢時，最好不要勉強擦拭。

❸ **砂紙**是家中必備的清洗工具之一，有了砂紙，掃除工作就能更加得心應手了。其主要是用來清洗洗手臺及馬桶所附著的水垢。

從廁所窺見生活習慣

事實上，從廁所就可窺知一個家庭的整潔狀況，因此廁所的整潔是相當重要的。獨自生活的單身貴族更是不能輕忽大意，因平時都是一個人住，故馬桶內側及邊緣即使髒了也不會注意到。但是，當來訪客人將馬桶座墊蓋掀開發現汙垢堆積時，這樣豈不是對他們很失禮？其實馬桶座邊緣的汙垢只要用洗潔劑輕輕擦拭即可清潔溜溜，但馬桶內的水垢及頑垢則必須戴上手套，用砂紙刷拭才能清除。至於用過的衛生紙最好將它折成三角形再丟棄，這麼做才會留給訪客一個良好的印象。

清潔溜溜小妙計

專家使用的掃除道具

抹布

掃除達人不可或缺的道具，非抹布莫屬了。為了能在短暫時間內有效地完成工作，他們會事先準備很多條抹布，等用完後再一次洗淨。至於所用的抹布可說是掃除公司的商業機密，因為他們用特殊的布（以人造絲材質製成的魔術抹布）來清除汙垢。

護眼罩

打掃家中不免會用到許多清潔劑、去黴劑等，一定要小心使用，以免噴到眼睛。此外，使用去黴劑時，要記得先擦去髒汙，再噴灑拭淨即可。

刷子

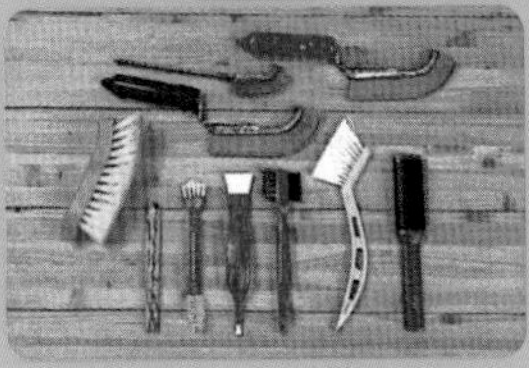

刷子的種類真是琳琅滿目，依照汙垢及藏汙地點的不同而有專用的刷子。事實上，不易處理的角落或是小細縫等經常遺漏的地方，可利用不同功能的刷子徹底去除汙垢。不過，像家中一般的掃除工作，其實，只要有一把舊牙刷就足夠了。

清潔劑

detersive

最近市面上出現的洗潔劑種類繁多，到底要買那一種比較好呢？你是否常常徘徊在商品前而無從選擇呢？

一般洗潔劑大致可分爲四大類：

✦**清潔劑**：利用界面活性劑（※註）去汙，屬於酸鹼合成的洗潔劑。若非酸鹼合成的洗潔劑則為中性洗潔劑。

✦**洗淨劑**：利用酸性和鹼性的化學作用來去除汙垢。

✦**漂白劑**：共有兩種，一種是加入氧氣的酸化型漂白劑（有氯化系和氧化系兩種），另一種是不加入氧氣的還原型漂白劑。

✦**研磨劑**：在界面活性劑中加入研磨劑去汙。

如果誤用洗潔劑不但洗不乾淨，甚至可能會導致危險，所以從現在開始要認識不同的洗潔劑，並且根據前述四種不同類型的洗潔劑，以正確，不會造成危險的方法來使用。

※註：界面活性劑會破壞水的表面張力，使汙垢與水結合，因此容易去汙。清洗過後，界面活性劑將會附著於物體表面，物品就比較不容易沾染灰塵，進而變髒。

清潔溜溜小妙計

洗潔劑的使用原則

1 使用何種洗潔劑

平常家庭中只要準備洗碗精和一般家用洗潔劑即可。另外，對付已滲透的汙垢可以使用漂白劑；而附著於物品表面的汙垢則用研磨劑，可依其汙垢性質的不同來選擇適合的對抗法寶。若為更強勁的頑垢，則可使用具有酸、鹼配方的洗淨劑。雖然洗淨劑的去汙力比一般洗潔劑強，但由於它會傷害人體皮膚，因此，使用時要記得戴上橡皮手套。

2 應從去汙力較弱的洗潔劑開始用起

當你進行掃除時，不要一開始就使用強力洗潔劑來去汙，應先用水或熱水清洗看看；若不能去汙時，再選用洗碗精或家用洗潔劑，同時最好也稀釋一下再使用。若還不能去除汙垢，再選用去汙力強的洗潔劑，以循序漸進的方式來進行掃除。如果一下子就使用去汙力強的洗潔劑，由於強力洗潔劑含有刺激性成分，不但會損害家具材質，使雙手變粗糙，而且危險性也比較高。另外，它也是造成環境汙染的兇手之一。

3 不要將洗潔劑混合使用

絕對要避免將兩種以上的洗潔劑混合使用。例如：將氯化系的漂白水與酸性清潔劑混合在一起使用，會產生有毒氣體，易引發致命的危險。而當你使用氯化系漂白水時，一定要先將門窗打開，使空氣流通。若洗潔劑用完了，也不要再拿其他種類的洗潔劑混合使用，如此比較不會發生危險。

另外，酸性洗潔劑與鹼性洗潔劑也不要混合使用，如此將會產生中和作用而降低清潔效果。在使用清潔劑之前，切記須先看清楚洗潔劑的種類及使用方法，根據骯髒程度及使用地方的不同來準備適當的洗潔劑即可。畢竟，準備過多性質相同的清潔劑只是徒佔空間罷了。

洗潔劑的使用方法

✦洗潔劑

基本上須先加水稀釋過後再使用，如此可防止手部皮膚粗糙，注意不要使用過量的洗潔劑，並非量愈多，清洗效果就愈好。

✦洗淨劑

洗淨劑的洗淨力較一般洗潔劑強，容易損傷家具材質或使家具表面的塗裝漆脫落、變黑，所以在使用前應先在比較不起眼的地方試試看是否會產生前述的狀況，同時詳細閱讀使用方法並記得戴上橡膠手套。

✦研磨劑

研磨劑可磨去汙垢，但須注意別因太用力而磨傷器具或家具的材質。乳狀研磨劑的成分較粉狀研磨劑成分細，不易磨傷材質，另加入漂白劑的研磨劑，則具有殺菌效果。

✦漂白劑

一般殺菌力較強的是氯化系漂白劑，因此經常被用來刷洗磁磚的接縫處，但切記不可用於刷洗金屬製品。陶器、木頭、竹製品等則必須使用氧化型漂白劑。至於還原型漂白劑因為會除去色彩，可用於去除鐵鏽，或者是因使用氯化系漂白劑而造成的變色斑漬。

mold and bug

認識霉蟲

事實上，只要一有外物入侵人體時，人體自然就會產生抗體來抵抗侵入的外物，若是再有同種類的異物入侵，抗體會相結合將異物去除而保護身體。但是在產生免疫作用的同時，也會傷害身體，這種損害健康的症狀就是所謂的過敏。造成過敏的原因很多，像是跳蚤、黴菌、蟑螂等。

近年來，大部分的住宅都是屬於密閉式的，較不通風，再加上冷暖器設備完善，更形成了跳蚤、黴菌孳生的溫床。由於跳蚤與黴菌適合生長的環境雷同，而跳蚤也很喜歡吃黴菌，所以也可說是有黴菌的地方就有跳蚤。家是我們最重要的生活空間，爲家人的健康著想，應該徹底打掃以消除黴菌。

黴菌的真面目

我們只知道黴菌容易孳生於濕氣重的地方，像是食物、衣服、衣櫥內。黴菌屬於單細胞葉狀植物中菌類的一種，而其中又被歸類於真菌類的一群。像是我們常吃的草菇；醬油、酒類等發酵酵母，也是真菌類的一種。

黴菌雖被稱為菌類，但它是由細狀分枝的細胞分化而成，與香菇等菌類生物在同一個體中生殖繁衍的生殖方法不同。地球上有十萬至二十五

潮濕的環境為黴菌的溫床。

萬種類似草菇的真菌類，而黴菌的種類則有四萬五千種以上。黴菌大部分生長在土中，利用風雨四處傳播，黴菌的孢子比花粉還小，平日遍布於空氣中，只要有適合的生存條件就可生長成黴菌。

孳生黴菌的溫床

黴菌若在濕度70至90%、溫度20至30℃如此高溫多濕的環境下，蔓延的速度將會快得讓你無法想像，尤其當梅雨季節到來時，可說是黴菌的天堂。除了喜好高溫潮濕的黴菌外，也有喜好0至5℃的低溫及40至50℃高溫的黴菌。包含黴菌在內被稱為第三類生物群的菌類，既不是動物也不像植物會進行光合作用，其特徵是寄生在任何東西上以吸取養分來成長。

黴菌最喜歡的東西是蛋白質、澱粉、糖等有機物質，甚至在木材、皮革、天然纖維、塑膠、金屬、硫酸等強酸中也能生長。我們居住的環境中其實有很多地方都具備了讓黴菌生長的條件。而空中的黴菌無時無刻都想尋找適合繁衍之處，若想消除漂浮於空中的黴菌，唯有隨時保持環境清潔，才能杜絕黴菌生長的環境。

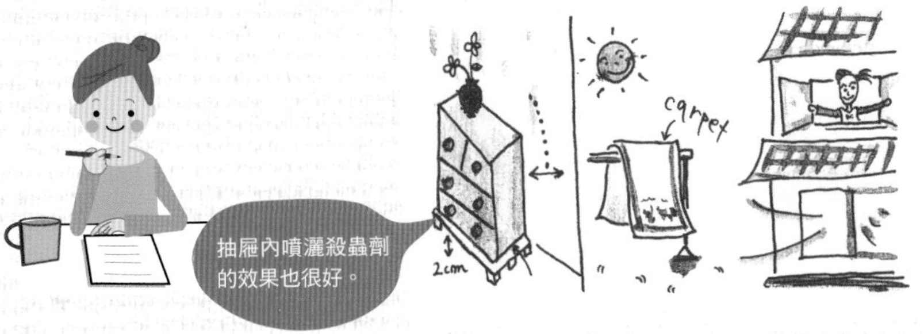
carpet
2cm
抽屜內噴灑殺蟲劑的效果也很好。

黴菌的寄居處

黴菌會寄生在動物的皮膚、毛孔中，使動物感染皮膚病。若是人類接觸到被感染的動物時，也可能會被感染，所以飼養寵物的人應馬上治療寵物的皮膚病及仔細用吸塵器處理該動物的掉毛，以免感染到飼主。

說到黴菌，大部分會聯想到浴室及壁櫥，很少人會想到冰箱，其實有很多黴菌適合生存於5℃左右的低溫中，因此經常會發生意想不到的食物中毒事件。由於一般人怕蔬菜過於乾燥，所以通常會將蔬菜冷藏盒的溫度設定的比較高，加上冷藏室底部的菜屑、水滴、泥砂等，都是黴菌最喜愛的東西，因此冰箱很容易成為孳生黴菌的溫床。另外，蛋殼通常會附帶相當多的黴菌，當冰箱打開時，黴菌的孢子就會進入室內空氣中，所以當冰箱門長黑垢時就要特別注意了。有鑑於此，每週至少清理一次冰箱。

預防發霉的對策

一旦物品內部開始發霉，即使利用除黴劑也很難去除黴菌。預防黴菌繁殖最有效的方法就是除濕及斷絕黴菌生長所需的養分。具體來說，一年中應該在晴朗的天氣打開大門兩次，讓陽光照進來，並將榻榻米、地

毯等全部拿出來晒太陽，家具內側也須好好的清理。此外，如果家裡的採光不夠明亮，家具不可緊貼著牆壁，至少要距離牆壁5公分，而太陽照射不到的牆壁最好不要擺放家具。

黴菌的生長期不侷限於雨季，近來由於住宅的通風不佳和普遍使用暖氣的結果，使得冬天反而較夏天容易發霉。在密閉的建築中加上暖氣設備所散發出的水氣，使室內外的溫度差異相當大，容易凝結水滴。由於水滴會增加溼度，因此一定要時常擦乾凝結的水滴，並且使室內保持充分的通風。由於黴菌整年都在繁殖，為了減少發霉，只有盡可能地保持室內乾燥，不要積留水氣，才是可行之道。另外，你還可利用除濕劑來吸取多餘的濕氣，至於冷氣及吸塵器的濾網也須時常清理乾淨，清潔時應將門窗打開後再作打掃。值得注意的是，只要一發現有黴菌孳生，應立刻用去黴劑去除。

蟑螂

有人說：「當你在家中看見一隻蟑螂，表示還有看不見的九百五十隻！」一聽到了這驚人的數字，你終於知道為何蟑螂怎麼殺都殺不完了！雖然很難將蟑螂大軍徹底消滅，但在居家生活中，可以做些什

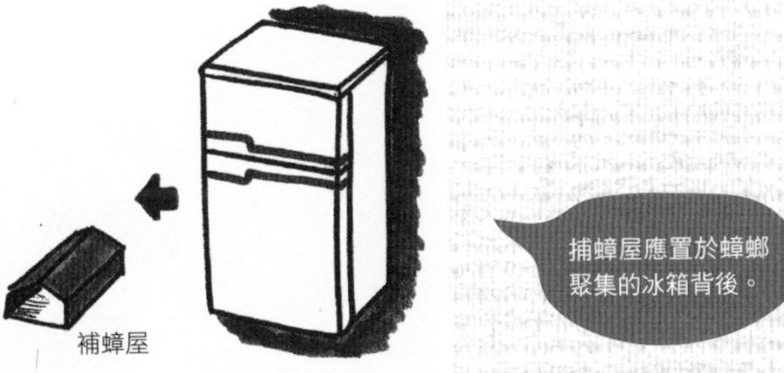

麼以避免蟑螂滿屋呢？首先，讓我們來瞭解蟑螂的習性，再來一舉滅「蟑」。

✦喜歡黑暗溫暖的地方

蟑螂往往是引發食物中毒的細菌媒介。經常出現於屋內，讓人類防不勝防的蟑螂，有著驚人的繁殖力，一個卵可生產出四十至五十隻小蟑螂。而小蟑螂只需二至三個月就能成長為成蟲，因此，一對蟑螂在一年內大約可以繁殖到一萬隻小蟑螂。最近的蟑螂似乎也對克蟑劑產生抗體，故有免疫功能的傾向。一般來說，蟑螂喜歡躲在陰暗處，特別是冰箱背靠牆壁的黑暗地帶，既溫暖又黑暗，那裡是牠們最喜歡的家。由此可知，此處是放置捕蟑屋的理想地點。

✦喜歡潮濕

蟑螂也喜歡陰暗潮濕的地方，對蟑螂而言，廚房水槽下方的櫃子是最好的躲藏處所，故此處必須保持乾燥及通風，並於角落上放置蟑螂屋或硼酸丸子，抽屜底部和四面廚壁均須噴上殺蟲劑，若是發現如紅豆般大的蟑螂蛋時，應用紙包住後再焚燒掉。

殺蟲劑的使用方法

❶在蟑螂經常出沒的牆壁通道，用刷子塗上塗抹型殺蟲劑，藥效約可持續一週，不過，注意別讓小孩靠近這些地方。

❷用噴霧型殺蟲劑噴灑在蟑螂經常出沒的地方，藥效約可持續一至二週。噴灑較高的地方時，一定要注意，別噴到眼睛。

使用殺蟲劑時均須將門窗完全緊閉。

✦喜歡食物

只要有食物的地方就可看到蟑螂的蹤影。舉凡所有的食物、油、水等，都是蟑螂喜歡的廚餘，尤其是廚房內總是放置著各種食物，那裡可說是蟑螂的餐廳。水槽必須每天徹底清洗乾淨，不可置之不理，因為殘餘的飯菜、殘留的水分及流理臺周圍的油汙，都是蟑螂所喜愛的東西。每次在烹調過後，記得將廚房整理乾淨，以免引來蟑螂。

✦蟑螂的行進路線都在角落

蟑螂特別喜歡在角落出沒，你可以在蟑螂最常出沒的角落放置捕蟑屋及硼酸丸子，或者在牆角噴一點殺蟲劑，可發揮殺蟑的效果。其中用硼酸丸子當誘餌，其效果比捕蟑屋、殺蟲劑好，但是由於它具有危險，使用時應十分小心。硼酸丸子應放置於小孩子及寵物碰不到的地方，若不小心吃到硼酸會有嘔吐及腹瀉等現象，所以須將收納硼酸的抽屜或門櫃關好。

動手做硼酸丸子

方法一：製作硼酸丸子時，請務必戴上橡膠手套以作保護。首先，將馬鈴薯煮熟後去皮搗碎，倒入與馬鈴薯相同分量的硼酸，均勻攪拌後做成丸子。

方法二：加入與硼酸相同分量的麵粉，然後再加入少許的牛奶及洋蔥細末均勻攪拌，待揉成如耳垂般的硬度，再製成直徑2至3公分的丸子。此時，也請務必戴上橡膠手套來製作。

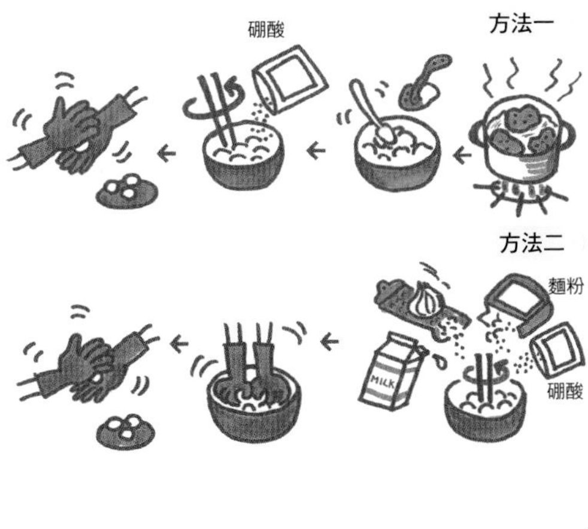

消除蟑螂的方法

✦殺蟲劑

使用噴霧式殺蟲劑時，要直接對著蟑螂噴。但在有火的地方絕對禁止使用。在廚房使用殺蟲劑時須特別注意，除了不要在火光附近噴灑之外，也不要波及到食物、碗盤、人、寵物及植物。

✦洗潔劑、油

如果你不喜歡使用殺蟲劑，建議可將洗潔劑或油直接灑在蟑螂身上，洗潔劑和油會使蟑螂無法呼吸而於一至三分鐘內窒息死亡，因此盡量多灑一點是撲滅的重點。

✦滾燙熱水

如果在廚房、水槽及浴室內發現蟑螂時，可用沸騰的熱水澆燙，不過在使用熱水時，要小心別燙傷了。

✦燻煙劑

跳蚤容易寄生的地點
＊濕度約70度以上，室溫在20至30℃的環境。
＊塵埃、食物的殘屑、人的脂垢等有蛋白質的地方，是牠吸取營養的來源。
＊喜歡鑽入地毯、榻榻米、寢具中產卵。
70%
20
0
℃

若想徹底消滅蟑螂，你可以使用燻煙劑。首先將食品、碗盤收入櫥櫃中，並且把隙縫用細膠帶貼好，最後把人與動物帶離房間，將房間完全緊閉。由於燻煙劑可消滅蟑螂，但無法消滅蟑螂的卵，所以必須在二至三週後，待未消除完全的卵變成蟑螂時再燻煙一次。

跳蚤

跳蚤往往是過敏性疾病的原因之一。即便家裡打掃得窗明几淨，但跳蚤還是有可能存在於榻榻米和地毯中。若能熟知跳蚤的特徵及習性，就不難作好清潔工作，讓跳蚤失去生存的空間。

✦跳蚤特徵與特性

跳蚤可能會威脅到我們的生活，不過跳蚤究竟具備什麼特徵呢？跳蚤和昆蟲一樣都屬於節足動物，但牠不像昆蟲具有明顯的頭部、胸部、腹部，而是由此三部分合而為一的袋狀動物。

其種類在世界上約有兩萬多種，至於日常生活中常見的跳蚤也有二十〜三十種之多，其中兩、三種我們稱為塵埃跳蚤，這種跳蚤容易引起過敏性疾病，平日寄生於地毯或棉絮塵屑中，以動物脂垢中的蛋白質為食物，這種跳蚤善於寄生在我們的生活環境中，只有靠吸塵器消除跳蚤賴以維生的食物，才能盡量避免跳蚤的孳生。

由於跳蚤的表面皮膚面積大，水分容易流失，因此其特性是怕乾燥、喜歡潮濕。有鑑於此，預防跳蚤的方法就是勤晒被子、墊子，並經常保持房間的通風乾燥，完全杜絕溼氣。

✦消除跳蚤的方法

❶使用吸塵器

消滅跳蚤的方法是利用吸塵器，這是其中一項有效對策，但也不可草率吸取，須使用強而有力的吸塵器，沿著地毯以逆毛的方向用力吸取，這樣才容易清理乾淨。平常難得日晒的沙發、椅背、靠墊及座墊也要以吸塵器的細縫管嘴來吸取。此外，一定要使用吸塵器仔細吸塵，否則就無法消滅跳蚤。一般來說，平均每一平方公尺至少要吸取五分鐘左右，才能有效預防跳蚤孳生。

晒太陽與通風是消除跳蚤的方法。

❷通風

一方面拼命地利用吸塵器吸取灰塵及跳蚤，另一方面卻讓跳蚤從吸塵器的排氣口跳出散布於室內，這樣做只是白費工夫而已，所以使用吸塵器時一定要將窗戶打開通風，並且將吸塵器的排氣口朝外。由於自排氣口漂出的塵屑會飄浮於空氣中，所以至少要將窗戶打開一個小時左右，讓飄在房間中的塵埃能夠飛出去。裝滿了灰塵及跳蚤的集塵袋應馬上處理，盡快丟棄。

❸晒太陽

跳蚤的特徵是怕熱及怕乾燥。棉被、座墊、布玩偶等是跳蚤容易鑽入的東西，最好將其直接曝晒於陽光下，而曝晒時再多加一層黑布加強熱的吸取，將能更有效地消滅跳蚤。此外，裡裡外外的物品都必須晾晒，並拍落灰塵。由此可知，如果你想徹底消滅跳蚤就必須要有耐心，只作一次是不夠的，曝晒須持之以恆才有效果。

消除蒼蠅的方法

一般來說，消除家中的蒼蠅有兩種方法，第一種是利用蒼蠅拍，另一種為噴灑殺蟲劑。

不喜歡使用殺蟲劑噴蒼蠅的人可以利用蒼蠅拍拍打蒼蠅，雖然利用蒼蠅拍是個很好的清除方法，但是必須要做好善後工作。

若發現蒼蠅時，可利用殺蟲劑來噴灑蒼蠅，但千萬不要對著人噴，因為殺蟲劑對人體有很大的傷害，除非必要，否則不要經常使用。

蒼蠅

只要有食物的地方就會有蒼蠅，因為蒼蠅會在人類及動物的排泄物、殘餘的食物及生菜果皮上產卵，如果不加以處理，就是提供蒼蠅產卵的好地方。尤其是夏天時節，任何不衛生的地方都要仔細清理。

蚊子

蚊子喜歡在有水的地方產卵，而家中有水的地方就屬浴室及廚房，須注意別讓廚房成為蚊子孳生的溫床。若發現大量蚊子時，應先檢查家裡附近的下水道是否有積水的現象，若發現蚊子是由下水道的積水產生時，可向下水道噴灑殺蟲劑。雖然噴灑殺蟲劑的效果很好，但卻因此造成環境汙染，所以應先調查原因及確認下水道的流水狀況，並與附近鄰居共同商討滅蚊方法。此外，為了避免蚊子孳生，應時常清除庭院中的雜草。

消除蚊子的方法

1. 保持清潔。
2. 避免積水。
3. 門窗關牢。
4. 擺設茉莉花、玫瑰。

可以利用蚊香、電蚊香及殺蟲劑來消滅蚊子，如果發現屋子四周有積水的情形，應盡快用土加以掩埋補平。而家中放置的緊急用水須經常更新替換。

✦消除蚊子的方法

家裡應避免積水，否則容易造成蚊子產卵，導致登革熱或其他傳染病。此外，蚊子不喜歡茉莉花、玫瑰的味道，可以在院子或陽臺種植這些花卉，進而達到驅蚊效果。

老鼠

老鼠不但具有很高的學習能力，且有很強的繁殖功能，同時牠也是病源性細菌傳播的媒介，牠經常會咬斷電腦接線及電話線等。而吸取人類血液的跳蚤則經常寄生於老鼠身上，所以有老鼠的地方就會有跳蚤存在。

此外，老鼠似乎已對老鼠藥產生了抗體，所以對於滅鼠工作愈來愈束手無策，因此最重要的還是製造一個老鼠無法繁衍的環境，才是

清潔溜溜小妙計

消除老鼠的方法

經常保持環境衛生、妥善處理食物以及清理老鼠可藏匿的地點等，都是有效的預防措施。

處理方法

一定要將食物收拾好，以免招引老鼠。另外，禁止將菜葉、果皮等放置在水槽中，特別是晚上，須將廚具、流理臺及水槽擦拭乾淨，因為老鼠都是在夜間活動。

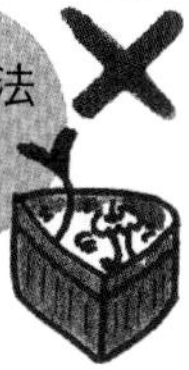

若聽到天花板上有老鼠走動的聲音，可以用抽取式衛生紙將毒藥包好，放在老鼠經常走動的路線上。

在捕鼠器中放置麵包等老鼠喜愛的食物當作誘餌，若捕到老鼠時，可以放置不管，牠自然就會餓死。

根本的杜絕之道。生菜果皮、殘餘食物及水等均為老鼠賴以生存的飼料，所以絕對不可放置不管，必須清理乾淨。如果你使用毒藥或捕鼠器還是無法消滅老鼠時，就必須與專家商量對策。

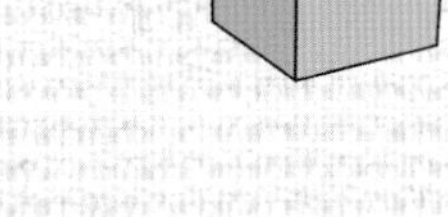

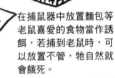

refuse disposal

垃圾處理

想一想，你是否會把清掃出來的垃圾毫不考慮地就丟棄呢？事實上，我們並不是只把家庭打掃乾淨就好，還必須一併考慮到自己居住的城鎮、國家甚至是地球的環保，畢竟，永保環境清潔而不產生嚴重的垃圾問題，才是目前人類最重要的研討課題。

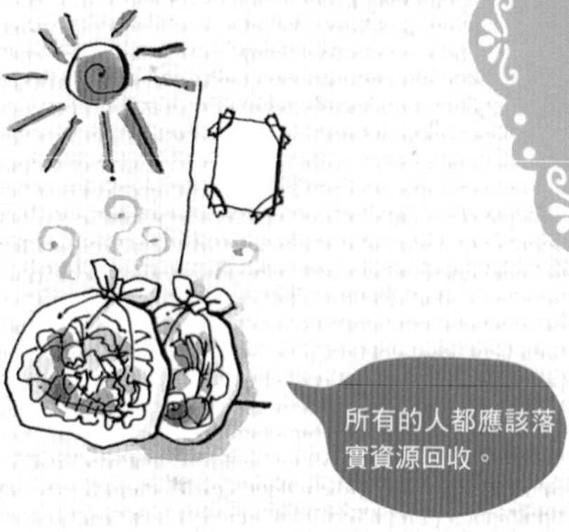

垃圾一直在增加

全球的垃圾量每年都在持續不斷地增加中，再加上人們一直砍伐樹木、挖掘石油，並將樹木、石油製作成物品，而這些物品又成為垃圾，如此的循環，將會使地球的資源消失殆盡，並且增加垃圾的囤積。有鑑於此，為了挽救地球淪為垃圾場的危機，我們所能做的就是盡量減少垃圾量，依照正確的方法來處理垃圾，並徹底落實資源回收。

將廚餘製成肥料

可利用蔬菜果皮、廚餘製成有機肥料，將家中不要的蔬菜果皮自製成園藝、菜園中的肥料，而能栽種出無農藥、讓人可安心食用

清潔溜溜小妙計

處理一

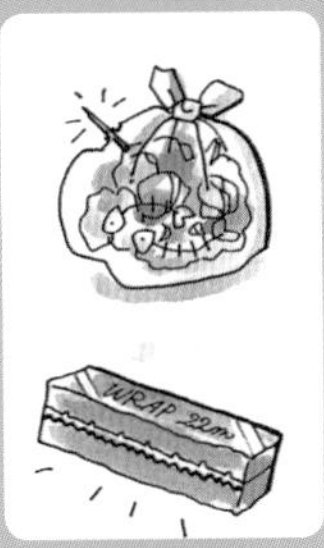

處理二

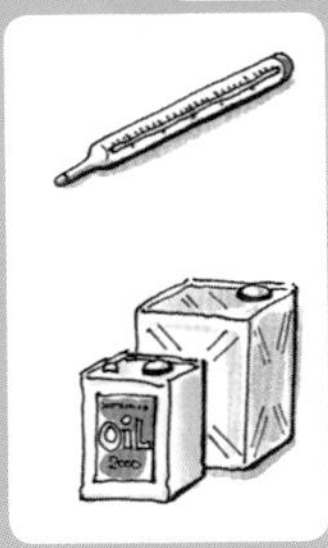

正確垃圾處理

1. 衛生筷或竹籤一定要先折斷後，再放入垃圾袋。
2. 對人體有害的垃圾應該經過特殊處理，而非隨意亂丟，如溫度計、機油。

的蔬菜及美麗的花朵。你也可將自製的肥料分送給附近鄰居以落實環保行動。

缺乏公德心的垃圾處理

你的住家附近是否有人不按照規定時間亂倒垃圾呢？如果在深夜才把垃圾拿出來，貓、狗等動物會抓、扒，將垃圾翻出，使之散亂一地；或是當垃圾車離開後才將垃圾拿出來，導致臭味四溢，造成附近鄰居的困擾，這種做法實在缺乏公德心，垃圾集中處並非垃圾堆置場，所以一定要遵守規定，在規定時間內把垃圾拿出來。

值得注意的是，用過的衛生筷或竹籤需先折斷或用紙包好再放入垃圾袋中，才不會刺破垃圾袋。另外，保鮮膜及錫箔紙之類的金屬切割器是屬於不可燃燒的垃圾，應該先拆下予以分類，而且須注意拆下的刀片要用紙包好，才不會讓收垃圾的人割傷手。

對人體有害的垃圾

有些垃圾具有危險性，垃圾車是不收取的。像是燃燒後會產生

清潔溜溜小妙計

垃圾回收分析圖

垃圾經過分類之後，將能再生利用，甚至成為海埔新生地的填料。

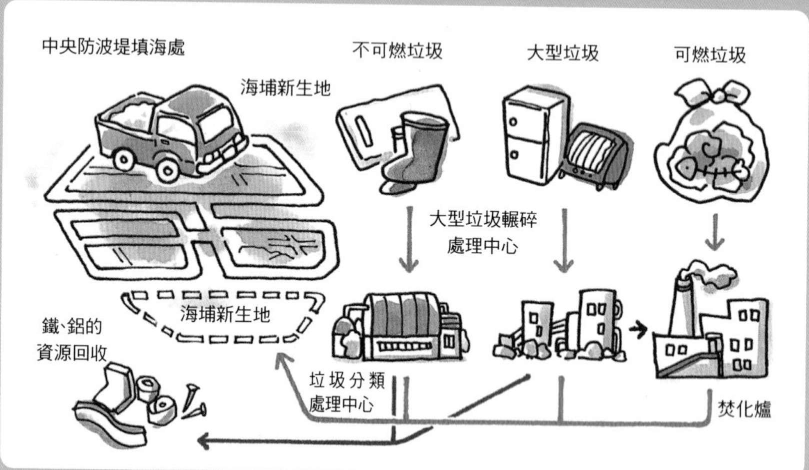

毒氣的輪胎、農藥、溫度計、瓦斯罐、火藥、滅火器、廢油、電池等。這些東西應找販賣者回收或請教政府環保署其處理方式。

用水徹底清洗乾淨

寶特瓶、保麗龍盤、玻璃瓶等在丟棄前，記得先用水沖洗一下，如此既可除臭，防止臭味四溢，同時也便於資源回收，處理起來也較為快速方便。

垃圾的再生利用

可燃燒的垃圾在焚化廠燃燒後，其灰燼可做為海埔新生地的填料；不可燃的垃圾則需次細分為：經過某些程序處理後的可燃類與不可燃類。而大型垃圾或不可燃的垃圾輾碎之後，將其中的鐵及鋁成分作資源回收，剩餘的部分則用以填海造地。

recycling

資源回收

若沒有將廢紙或空罐確實分門別類而隨意丟棄，將會演變成棘手的垃圾問題。但如果將垃圾加以分類則可製成再生紙、罐子等其他物品，牛奶瓶和啤酒瓶也可再回收使用。所謂廢物再生利用，就是將有限資源作最大的使用。例如：回收50公斤的廢紙就可少砍一棵高爲8公尺、直徑爲14公分的樹木。

可再利用的電器與家具

家裡不用的家具如桌子、椅子等都可以再回收使用。這些桌椅被回收後，廢物再生利用中心便以很低的價格出售或以抽籤的方式送給預約者。這些廢物再生利用中心在各地都有，有興趣的人不妨花點心思尋找看看。

可再回收的資源

✦報紙

不僅限於回收舊報紙或雜誌，包括廢紙，都可回收製作成衛生紙、筆記本、瓦楞紙箱和報紙，所以欲丟棄的廢紙應先整理並綁好再丟掉，以方便回收利用。

✦牛奶盒

只要有三十個牛奶盒就可製成四、五捲衛生紙，為了方便回收，喝完牛奶後將紙盒用水清洗乾淨，將紙盒拆開晒乾並綑成一疊後再丟到回收桶。

✦寶特瓶

平常被當成垃圾丟棄的寶特瓶，有意想不到的回收價值。因為回收的寶特瓶可以製造再生棉、不織布、地毯、塑膠袋等，記得丟棄前先用清水沖洗，以便相關單位回收。

✦空罐子

只需利用鋁罐3%的能源就可再製造一個新罐，而鋼製空罐中所含的鐵分也可再度利用，所以請依照罐上的標示將罐子丟入資源回收桶中。

清潔溜溜小妙計

落實資源回收

如何讓地球永保清潔，第一步就是要落實資源回收，將家裡不要的垃圾轉變成資源。

寶特瓶

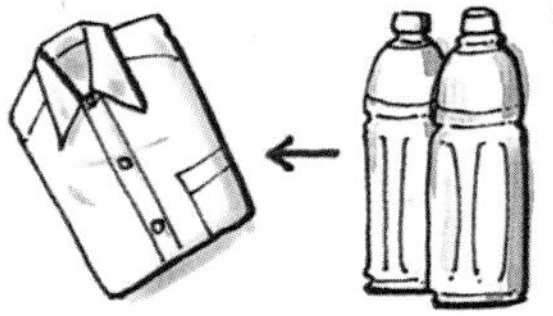

填充纖維是國內寶特瓶再生原料的主要市場，目前台灣每年大約需要一萬噸的填充纖維。

報紙

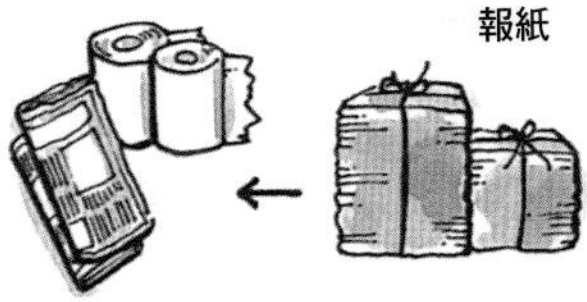

廢棄的報紙會被送到造紙廠。溶化分解後，再生成新的紙張。而報紙以外的紙也可以進行回收再生利用。

空罐子

回收一個空鋁罐所省下的煉鋁電力，可看三小時的電視，並減少95%的空氣汙染。

牛奶盒

回收牛奶紙盒之前須撕開用水沖洗，再倒乾水分，然後將紙盒盡量壓扁，並拔掉吸管與吸管套即可。

·基·本·功·
掃除密技大公開

★舊報紙用途廣泛，千萬別浪費了。

現在就開始好好收集吧！清理紗窗時可先將報紙鋪於地面，以防止汙垢掉落在地面上。用報紙來擦拭鏡子更是妙用無窮。有了報紙，就算是再大的清理範圍也無須發愁。所以， 在進行大掃除前可先收集約一個月分的舊報紙，打掃起來會十分順手。此外，也可利用報紙來包裹廚餘，以防臭味溢出，是不是相當方便呢？

★擦拭細縫或狹窄地方時，最好利用舊牙刷才能得心應手。

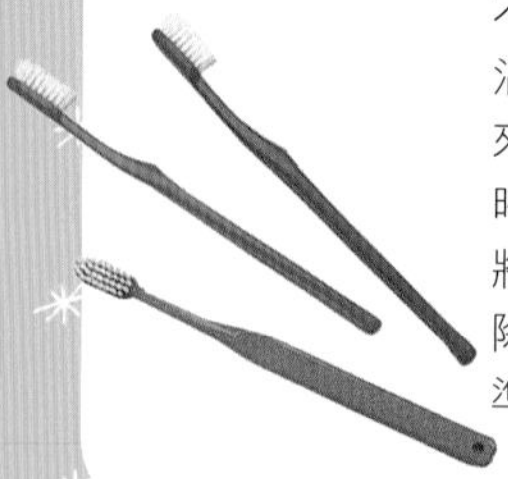

不僅是細縫、溝槽，甚至連沾黏的頑垢，都能用舊牙刷來清理。當家中更換新牙刷時，可別丟棄舊牙刷，最好將它們保存起來。當你想清除頑垢及嚴重油汙之前，先準備好四、五支牙刷哦！

★棉花棒是清理電器製品上汙垢的最有效利器。

兩端附有脫脂棉的棉花棒，方便沾取洗潔劑，因此可用來擦拭細微部位。一般易積留灰塵的電器音響，可用棉花棒來清掃其凹凸、細窄處，十分方便又乾淨。記得在家中準備棉花棒哦！

★竹籤、衛生筷最適宜用來剔除汙垢。

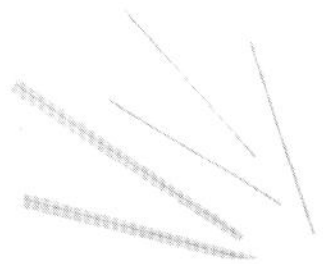

由於竹籤能輕易地插入任何死角，因此無論藏在多麼細小縫隙中的汙垢灰塵，只要運用竹籤，一下子就可以清除乾淨。而衛生筷屬於材質較軟的木材，用它來刮除附著在家具上的汙垢，就不用擔心會傷及家具或物品的表面。

★舊毛巾、破布等可用來當抹布。

若家中有多條抹布可充分使用，打掃起來就方便多了。事先將不用的舊毛巾剪成易於使用的大小，以便廣泛利用。因為它吸水性強、質地柔軟，適合擦拭任何東西，可稱之為萬用抹布。

★利用舊麻布手套來擦拭複雜曲折的部位，十分有效。

先戴上橡膠手套再戴上一層舊麻布手套，搖身一變就成了抹布。因為可靈活運用每一隻手指，即使是再髒亂的死角也能擦拭乾淨，且用完即丟也不會浪費資源。

★絲襪最適宜用來清除灰塵，記得把破舊的絲襪留存起來哦！

你是否曾用雞毛撢子清除灰塵，結果卻是塵土飛揚、事倍功半，其實，只要利用絲襪的靜電效果來清除塵埃，將會有意想不到的功效哦！另外，當你使用鋼絲絨球刷時，為了防止鋼絲絨刮傷物品或弄傷玉手，也可以把絲襪套在鋼絲絨球刷上來使用。

★廚房中常見的三種物品，也是掃除用具呢！

運用濕布法時，不可或缺的工具就是保鮮膜和廚房用紙巾和鋁箔紙。利用前兩樣濕布法中的魔法用具，不論是多麼難纏的汙垢都能清除乾淨。而鋼絲網架等金屬區域只須用鋁箔紙搓擦一番，就能清潔溜溜了。

由於客廳是家人最常逗留的空間，
因此要徹底打掃乾淨，
才能營造舒適愉快的家居生活。
各不相同的家庭擺設，
其打掃方式也有所差異。

Chapter 2
客廳
分區清潔整理法

電燈
燈罩內外，電燈泡、開關四周等都要清理乾淨。
冷氣
基本的清掃方法是利用吸塵器來徹底清除灰塵。
門
常被忽略的門也要適時打掃。
電話
在電話旁準備一些棉花棒，便能一邊講電話，一邊清除灰塵。
榻榻米
榻榻米絕對禁止濕擦，必須每天乾擦或者是用吸塵器來清除灰塵。
暖氣
依其不同特性而有相應清潔法。待完成後，再收藏起來以防故障。
地板
必須用心維護家中地板，除了去汙、打蠟外，若地板出現破損傷痕時，須盡快修補。

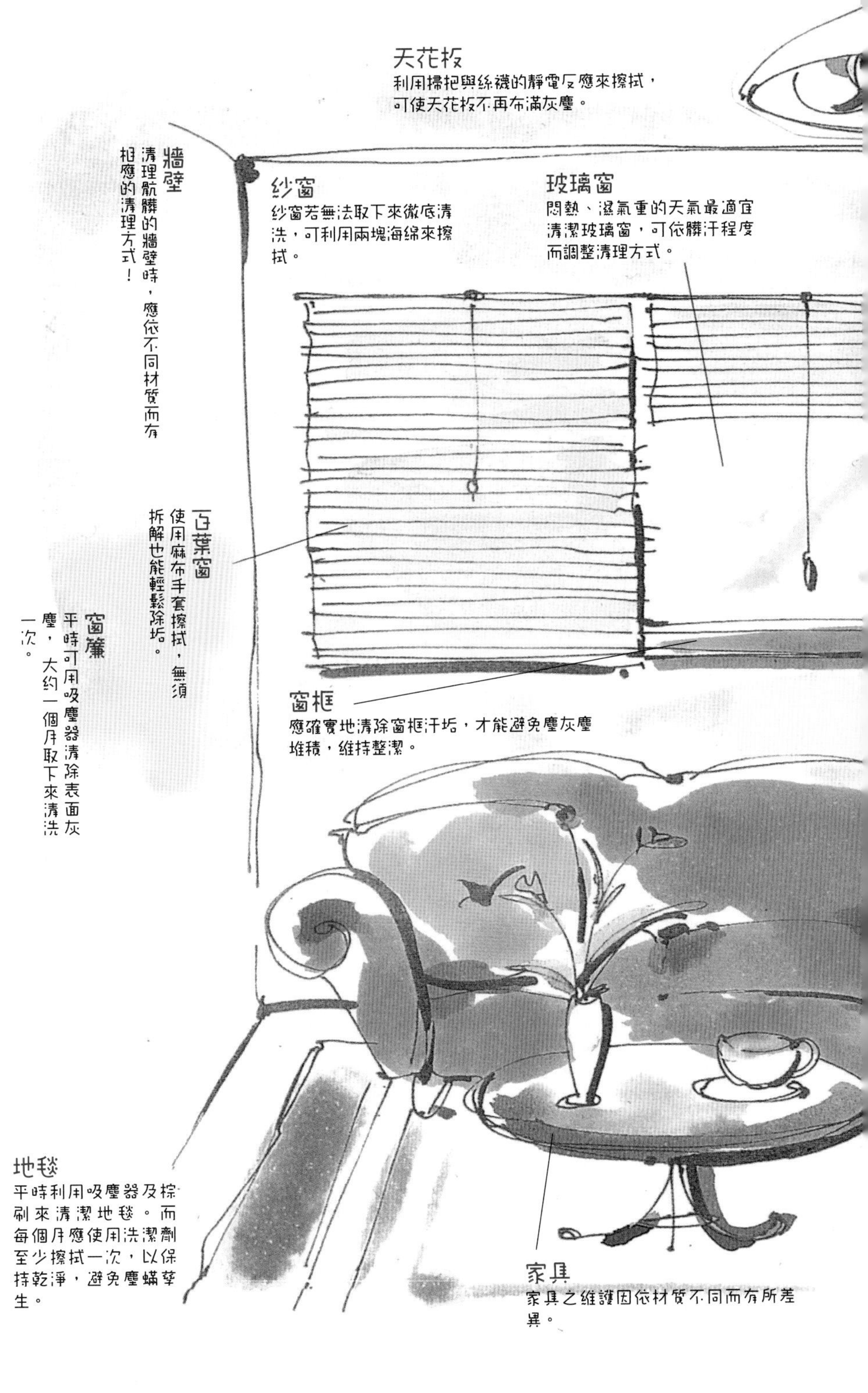
天花板
利用掃把與絲襪的靜電反應來擦拭，
可使天花板不再布滿灰塵。
牆壁
清理骯髒的牆壁時，應依不同材質而有相應的清理方式！
紗窗
紗窗若無法取下來徹底清洗，可利用兩塊海綿來擦拭。
玻璃窗
悶熱、濕氣重的天氣最適宜清潔玻璃窗，可依髒汙程度而調整清理方式。
百葉窗
使用麻布手套擦拭，無須拆解也能輕鬆除垢。
窗簾
平時可用吸塵器清除表面灰塵，大約一個月取下來清洗一次。
窗框
應確實地清除窗框汙垢，才能避免塵灰塵堆積，維持整潔。
地毯
平時利用吸塵器及棕刷來清潔地毯。而每個月應使用洗潔劑至少擦拭一次，以保持乾淨，避免塵蟎孳生。
家具
家具之維護因依材質不同而有所差異。

wood flooring

地板

地板

家中地板除去汙、打蠟外，若出現破損、傷痕必須盡快修補。

就打掃地板來說，基本上還是得使用吸塵器，而吸塵器的吸口必須與地板平行，使吸口與地板緊密接合，才能有效清除髒汙。其中，以「螃蟹掃法」（見左圖詳解）為最有效率的方式。技巧是利用螃蟹橫走的特點，由中間往旁邊進行，先打掃屋子的半邊，然後由中間往旁邊清掃剩下的半邊。如此一來，只要改變一次吸塵器的方向，就能輕鬆清潔地板。

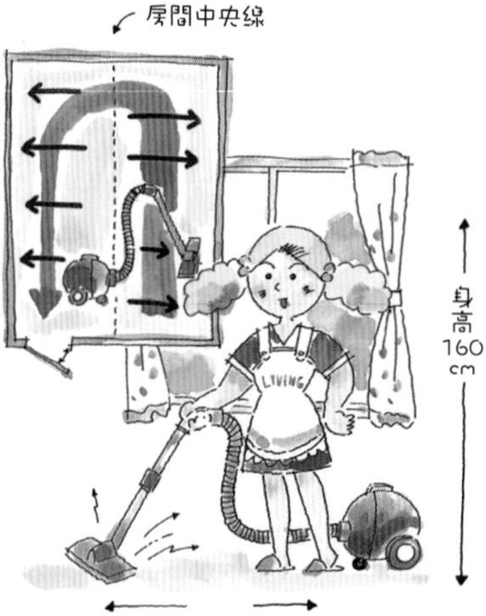

對身高160cm的人而言，大約維持80cm的寬幅來移動吸塵器，較不容易疲累。

而在擦拭清掃的方式中，屬乾擦最為方便，但仍建議每個月進行一次大掃除為佳。其方法為以抹布沾取家用洗潔劑的稀釋液，擰乾後擦拭地板，先濕擦一遍再擦乾，最後使用亮光劑或石蠟，使地板更為明亮乾淨。此外，地板損壞處應儘早維修，以免越趨嚴重而破壞美觀。

家事王小撇步

內含單寧的紅茶，最適合用來清潔木質地板。在1公升的清水中加入用過的紅茶包3個，煮沸過後冷卻，就能去除汙垢，還原地板最初光澤。每個月再打蠟一次，可避免地板沾附灰塵。

start!!

步驟掃除法

1

一般而言，地板用乾擦或使用市售化學抹布擦拭即可。如果要濕擦，記得**水分須完全擰乾再擦拭**，並注意保持**通風乾燥**。

Check

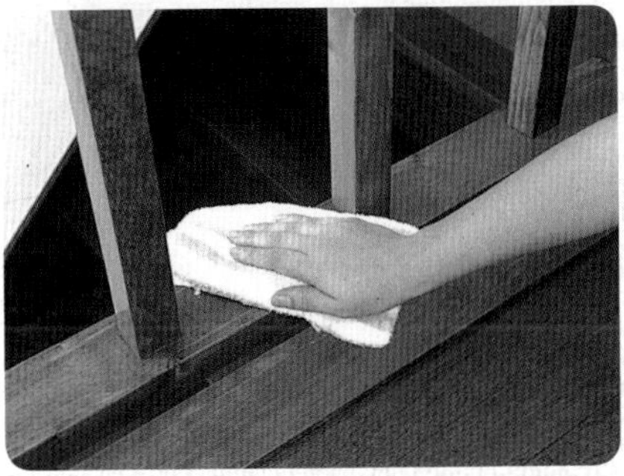

2

原則上，樓梯及扶手與地板一樣採用乾擦法。若有明顯髒汙，應先除去灰塵，再用水性蠟抹拭，最後乾擦即可。

達人超效清潔術

絲襪妙用法

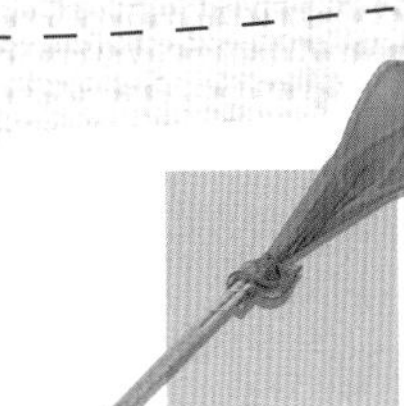

1

2

❶欲清理家具與牆壁間的細縫，可將拍打棉被的撣子套上絲襪來清掃。利用其外型扁長且方便進出狹小細縫的特性，加上絲襪在擦拭中所產生的靜電效果，可更輕易地清掃灰塵。

❷將撣子前端套至絲襪腳尖部分，綁牢使其不易脫落。待清理結束後，將絲襪往內翻轉取出，使灰塵包入其中以防掉落，最後原封不動丟掉即可。

清潔溜溜小妙計

地板的修補

木質地板若不小心維護，就會產生刮痕，此時只要使用修補劑就能輕鬆恢復原貌。可先準備與地板顏色相近的修補劑〈建議使用蠟筆式的修補劑〉與修補用的保護液。這些在一般建材行或是各大賣場都能買得到，可依左述步驟進行修復！

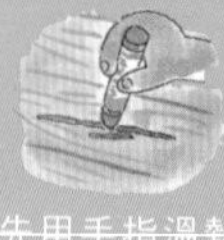

❶ 先用手指溫熱一下修補劑的筆尖，接著再塗抹於刮痕上。

❷ 用毛筆沾上修補用的保護液並塗抹在刮痕上，待乾即可。

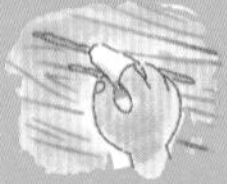

❸ 最後用布擦拭，使修補劑完全服貼於地板。

達人超效清潔術

1

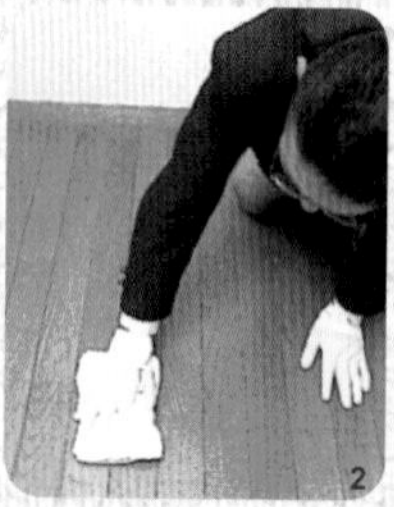

2

木質地板打蠟

❶首先用吸塵器吸取地板上的塵埃、垃圾，沿著木板接縫仔細吸取。

❷沾濕洗潔劑的抹布應先擰乾再仔細擦拭。由於必須以乾淨面來抹拭，因此須經常將抹布換面擦拭，最後再用清水拭淨擦乾即可。

❸如果將兩種成分不同的蠟材交互使用會出現斑駁情形，因此必須使用同一種蠟材較有保障。壁邊及擺放家具的牆面，可用折疊好的報紙作為保護（如圖所示），全部上完蠟後將其風乾即可。

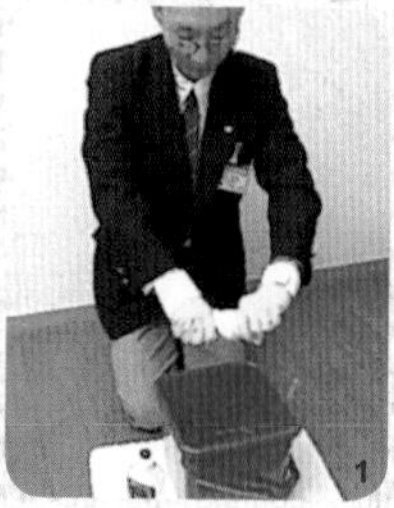

1

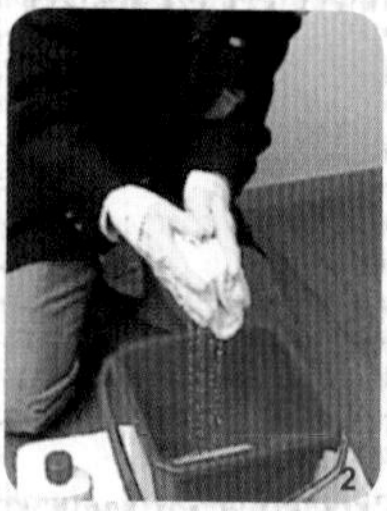

2

達人訣竅

1.於 1 公升的水中加入一匙中性洗潔劑，待溶解後，將抹布浸於其中並擰乾擦拭。記得先在水桶下方鋪一層大抹布以免浸濕地板。

2.細縫中的髒汙可用舊牙刷清除，待地板完全乾了以後，用抹布沾溼打蠟液，雙手夾住抹布直到沒有水滴下為止。如果用扭轉方式擰乾水分會產生細小泡沫而無法塗抹均勻。

地毯

平時應利用吸塵器及棕刷來清理，約一個月以洗潔劑擦拭一次，如此即可常保地毯清潔。

地毯可說是跳蚤、黴菌聚集的溫床。平常可將一平方公尺的面積分成五等分，使用吸塵器仔細清掃。但對於吸塵器很難吸取的細小髒物，可改用棕刷刷出，節省掃除時間。此外，利用膠帶可有效吸黏地毯根部的細塵微粒。而牆壁與家具接縫間的地毯也不能忘記打掃，可用舊牙刷深入清掃乾淨。不過，最好每個月都用擰乾的毛巾濕擦一次，雖然也可使用家用洗潔劑的稀釋液來清理，但還是以中性洗衣劑為佳，可降低地毯質料的損傷。

start!!

步驟掃除法

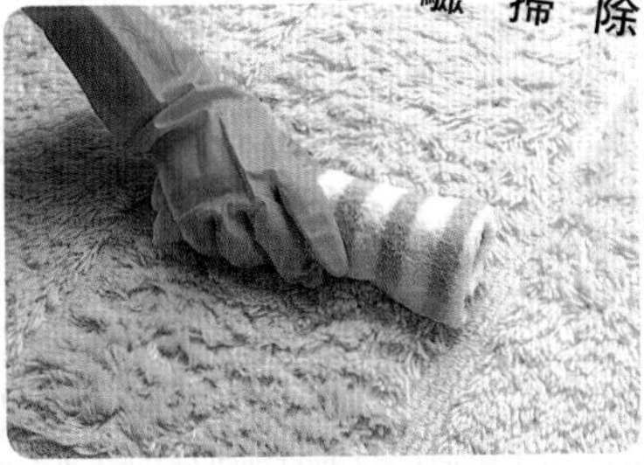

1 一般而言，地板用乾擦或是用化學抹布擦拭即可。如果一定要濕擦，記得應將水分完全擰乾後再擦拭。更要注意保持通風乾燥。

2 吸塵器難以吸取的毛髮、小線頭，可利用棕毛刷先逆毛刷一遍，再順毛刷一遍。待刷出毛髮、小線頭後再用吸塵器吸一遍即可。

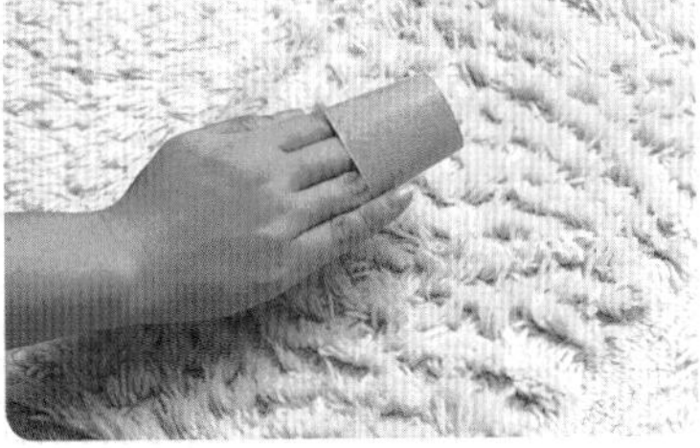

3 將膠帶圍成圓狀捲在手上，只要輕輕拍打地毯，就能黏取地毯上的纖維毛球及附著其中的細塵微粒，不僅簡單也較方便。此外，市面上所販售的滾輪膠帶，也是打掃地毯時的好幫手。

榻榻米

榻榻米絕對禁止濕擦，
每天都要乾擦一遍或者用吸塵器來清掃。

打掃榻榻米時，不論是用吸塵器或以抹布擦拭，都必須順著榻榻米的紋路清理並一張張分開進行個別清掃，如此才能去除細縫中的髒汙。此外，使用吸塵器時，注意不要用力過猛，以免毀損榻榻米。由於兩塊榻榻米間的縫隙通常最易積留灰塵，故可裝上細縫噴嘴來清理汙處。而榻榻米上所附著的一層白陶土，是為了保護其內裡的燈芯草，如果用水擦拭，便會破壞那層白陶土，進而使榻榻米的獨特風味喪失，並減弱防汙效果。因此，只有出現嚴重髒汙時，才會以抹布沾溫水擰乾擦拭！

清潔溜溜小妙計

各種汙漬的清除祕訣

水溶性汙漬

首先用乾布或紙巾吸乾水分，防止汙漬繼續擴大，接著以擰乾的毛巾按壓幾下，再用沾有洗潔劑的抹布拍打汙處，使汙漬移至抹布上。最後不斷以抹布的清潔面反覆沾取汙垢，接著再用沾過清水且擰乾的毛巾擦拭一遍即可。

油性汙漬

處理方法與水性汙漬大致相同。先用紙巾吸取水分，且盡可能地挑出固體塵粒。將水與洗潔劑以五比一的比例稀釋攪拌成泡沫狀，將其塗抹於汙漬，以舊牙刷搓洗，接著再用擰乾水分的毛巾擦拭一遍即可。另外，用抹布沾一點揮發性汽油按壓汙處，也有去汙效果！

口香糖

地毯或衣物若不小心沾黏到口香糖，可利用裝入冰塊的塑膠袋冷卻口香糖，等口香糖變硬後，以布或木匙刮下。至於指甲油或是強力膠等汙漬，可用布沾點去光水來擦拭，但要留意火燭及通風狀況，以免發生危險。

start!!

步驟掃除法

1 若榻榻米的邊緣發現有汙垢時，可利用舊牙刷沾取稀釋過的中性洗碗精迅速刷洗，若時間拖得太久則容易發霉。一般人往往因粗心而忽略清潔此處，使得榻榻米的壽命大幅縮短！

Check 食物掉落所殘留的髒汙，可用稀釋的家用洗潔劑去除。首先，順著榻榻米的紋路擦拭，再用沾濕熱水的抹布擰乾擦一遍，保持通風乾燥即可。

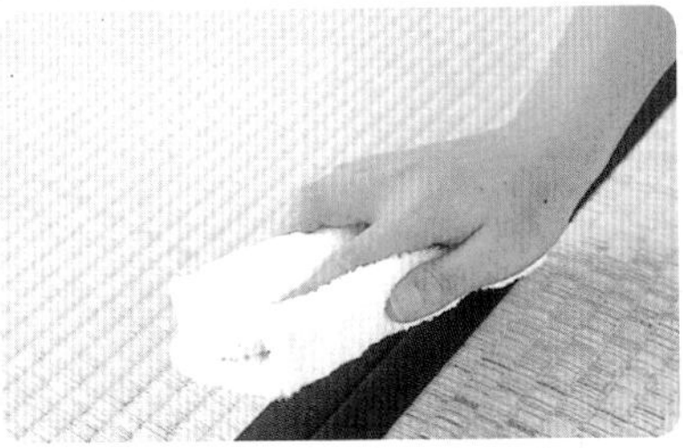

2 將洗碗精擦掉後，使用擰乾的熱抹布，以按壓方式擦拭。若發現發霉情形，可先噴點消毒用酒精，再輕輕擦拭即可。

家事王 小撇步

將乾燥的橘子皮加水煮沸，冷卻後濾出橘子皮水，倒進噴霧器裡，將乾布噴濕後擦拭榻榻米，便能有效去除汙垢與異味。或者，亦可使用稀釋過的茶水擦拭榻榻米，除臭效果也相當好。

天花板

利用掃帚及絲襪的靜電效果，使天花板上的灰塵無所遁形。

一般人礙於高度關係，身手無法觸及天花板，導致清掃工作十分困難，因此有不少人會省略此處不加以清掃，而灰塵、香菸與油漬就會逐漸附著於天花板上。

由於清理天花板時，灰塵會自空中掉落，故打掃順序應先處理天花板再清掃地板。另外，記得在家具上鋪一層報紙，以防灰塵掉落時弄髒，平時則只要將掃帚綁上絲襪輕輕擦一遍即可。

若家中有人吸菸，須每半年濕擦一次。首先將抹布沾取稀釋過的家用清潔劑，擰乾後以固定方向擦拭天花板，以免菸漬堆積過厚而難以清理。

門

常常被忽略的門也要適時打掃。

多數人打掃時，最常忽略、遺忘的就是門！故在清掃環境時，可偶爾挑一天來清理家中的門。首先，利用撢子去除灰塵，再將抹布沾取家用清潔劑稀釋液，擰乾後拭去汙垢。待濕擦完畢後，塗上家具用的水性蠟，以防汙垢堆積。此外，木製門如果無法濕擦，可使用乾拭法來清理。最後記得去除門把上因觸摸而造成的汙痕，可達到殺菌效果。

Check 長柄掃帚套上絲襪後，維持相同方向擦拭，就能清除灰塵。此外，打掃地毯時，也可利用這項道具來回擦拭以產生靜電作用，藉此清除灰塵。

達人訣竅

客廳清潔順序為天花板、牆壁、家具、地板，以免灰塵二次沾染。

start!!

步驟掃除法

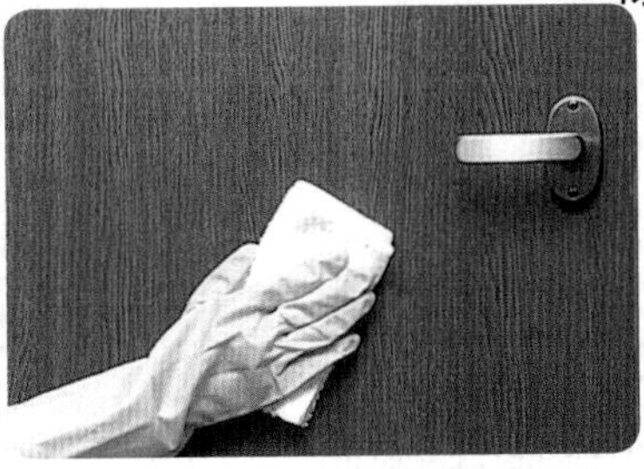

1 首先以抹布沾取稀釋好的家用洗潔劑，將其擰乾後擦拭整片門，最後擦乾或晾乾即可。接著擦第二遍時，可不用洗潔劑，如此較為省事、方便。

2 可先用乾布沾牙膏拭淨門把上的汙垢，最後擦乾，如此門把將會煥然一新。而難以清除的頑垢，可用舊牙刷清除乾淨即可。

清潔溜溜小妙計

如何修理門把

假使門閂或者是櫥櫃門扉會嗒噠作響，通常是門上螺絲鬆脫的緣故。

首先，用螺絲起子試著拴緊螺絲，或者可用牙籤或錐子將阻塞的洞口清理乾淨。

若依舊無法改善，應考慮更換把手。可先拆下老舊的門把，並拿到店家詢問以購得正確的種類與尺寸。

達人超效清潔術

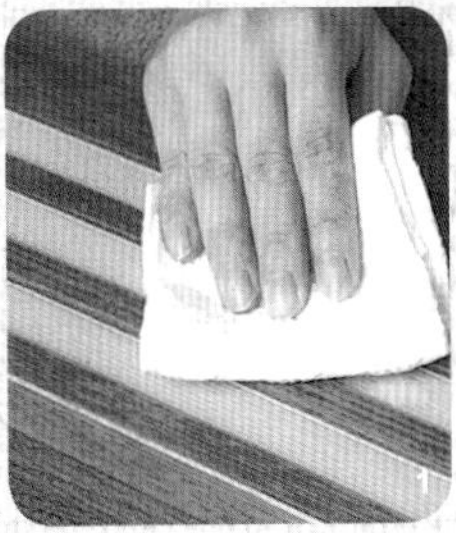

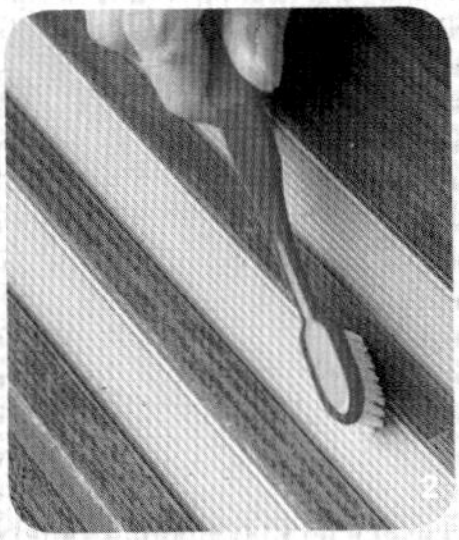

門縫清潔法

❶平時的門縫清潔法是先濕擦，再用乾布擦乾去除水氣，之後再塗上地板蠟。

❷若是門縫的頑垢難以擦除，可用舊牙刷刷除，如此將會光滑如新，而不容易藏汙納垢。

w a l l

牆壁

牆壁

清理牆壁上的髒汙時，須注意依牆壁材質的不同，清理方式也將有所差異。

清掃時須注意因壁紙種類的不同，而有相應的清潔方法。如果是樹脂材質的壁紙，則可將抹布沾取家用清潔劑後，擰乾擦拭即可。若是布料或是紙製的壁紙，絕對不可用水擦拭，只需要仔細地用雞毛撢子去除灰塵或運用乾擦法即可。另外，水泥牆壁嚴禁用水濕擦，以防潮溼龜裂！若不小心弄髒，可用乾布或海綿仔細擦去汙垢，或以橡皮擦來回擦拭，將汙處的顏色擦淡，使其模糊不明顯。

達人超效清潔術

樹脂壁紙

❶日常的掃除方法是將沾了家用洗潔劑稀釋液的抹布擰乾擦拭汙處，之後再以清水濕擦一次，最後擦乾即可。如果能在擦拭前，先用吸塵器吸取灰塵，則更能讓家裡的牆壁煥然一新。

❷此外，亦可利用舊牙刷沾取去汙劑，輕輕刷去那些明顯的汙垢，接著再用擰乾的抹布擦拭一遍，徹底將洗潔劑擦拭乾淨，待其風乾即可。

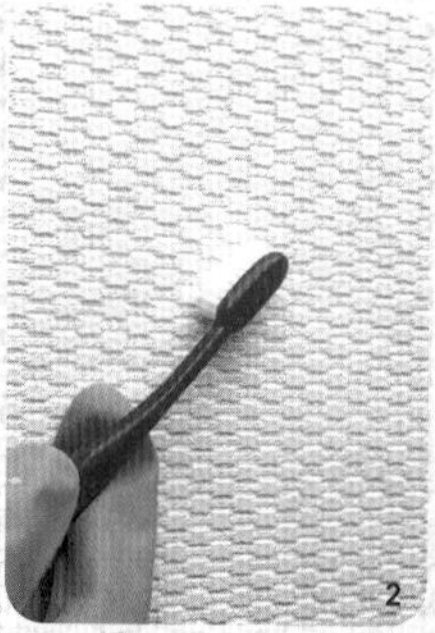

2

1

牆壁的慣用清潔法

牆壁的清潔實用妙招，
連束手無策的香菸漬都能清除乾淨。

牆壁汙垢中就屬香菸的黃色斑漬最難清除。由於樹脂材質的壁紙可用洗潔劑來清洗，所以建議讀者們依照下頁圖片的步驟來清理汙垢。而呢絨壁紙上的香菸漬因無法清除，故必須全部換新。

另外，小孩子的隨意塗鴨也是十分惱人的汙垢。能水洗的牆壁可用洗潔劑除去顏料，而無法水洗的材質，則以紙巾沾取去汙劑重複擦拭即可清除。

達人超效清潔術

呢絨壁紙

Check

❶若發現髒汙時，可先用乾淨海綿擦去灰塵。但應注意須用具有柔軟纖維的海綿來擦拭，否則壁紙會變得毛絨粗糙。

❷用噴水器將水噴灑在骯髒處四周，以溶化汙垢，使其浮起。

❸待汙垢浮起之後，以家用洗潔劑浸濕脫脂棉，用按壓方式擦拭汙垢。雖然去光水有助於去除汙垢，但也有可能會使顏色剝落，甚至將壁紙弄糊。因此，可先在角落等不顯眼處進行試驗。

1

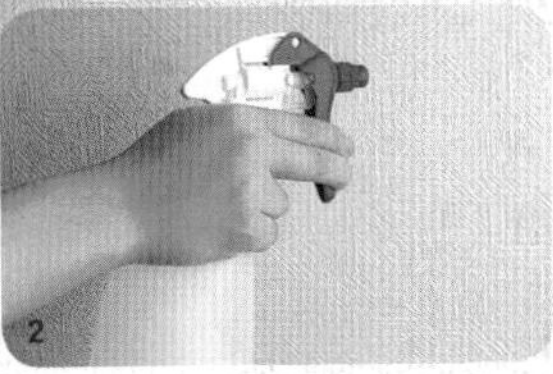

2

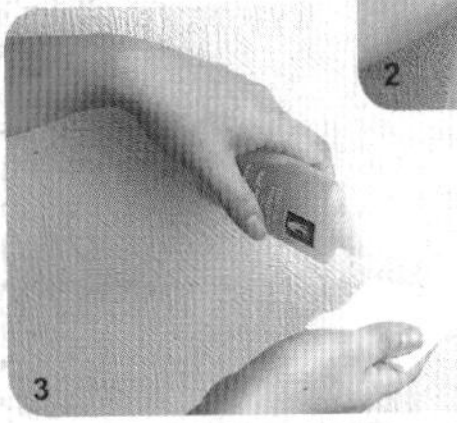

3

清潔溜溜小妙計

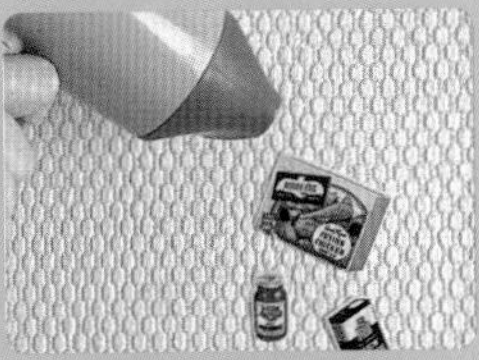

輕鬆去除貼紙術

若想撕去貼於壁上的貼紙，可先以吹風機吹熱貼紙黏著處，待接著劑軟化失去黏性後，便易於撕去。另外，將市面上的除毛膠帶貼於貼紙之上，只要用力一撕，貼紙即可連同除毛膠帶一同撕下。

start!!

步驟掃除法

1

家用洗潔劑和熱水先以1：5的比例混合成稀釋液，接著再用滾輪海綿沾取。然後於牆壁上，由上而下地塗抹。記得要先在家具或地板上鋪一層報紙，以防洗潔劑滴落而弄髒。

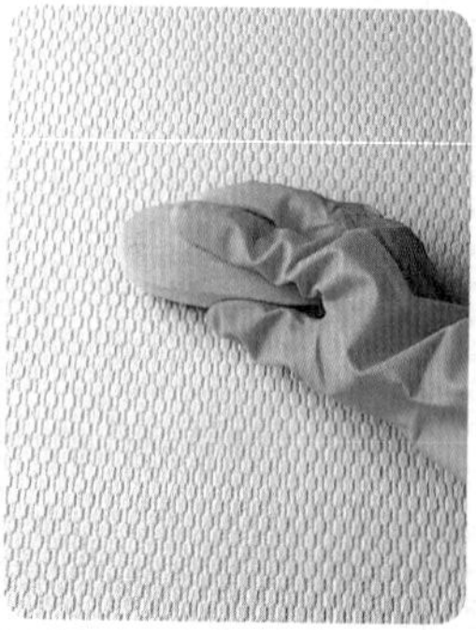

2

用刷子由下而上地反覆刷洗。針對特別髒的部分，可用尼龍刷沾取洗潔劑刷洗。但刷洗時，須注意別讓洗潔劑流入壁紙間的接縫處，久之將會造成潮濕而脫落。

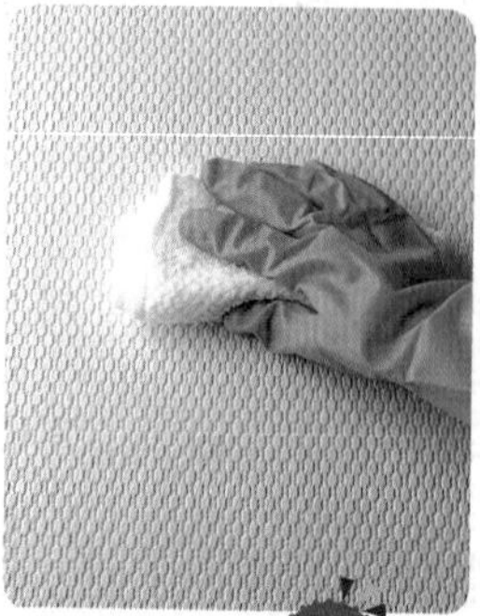

Check

3

趁壁面未乾之前，盡快用毛巾以濕擦的方式將洗潔劑清除，最後再將其拭乾。若發現發霉情形，可用海綿沾取消毒用酒精，以按壓方式除去霉斑。

※注意：搓擦方式會擴大發霉面積，應當避免。

達人超效清潔術

橡皮擦清潔術

橡皮擦也是便利品，只要像擦錯字的方式來擦拭汙漬，即可達到清潔效果。當汙垢擦拭完畢後，噴上防水噴霧劑，可防止沾黏髒汙，即使之後出現汙漬也較容易清理。

吐司麵包活用術

牆壁的電燈開關周圍最容易沾黏手垢，但因其為電器製品而無法運用濕擦法，故可試著利用生活上的小東西來除垢。最具代表性的即是吐司麵包！

首先將吐司麵包稍微沾濕後，除去吐司邊，並揉成一小團來擦拭，便能輕鬆擦去手垢。因為吐司會吸收汙漬，故可輕易擦拭乾淨！

windows

窗戶周邊

窗戶

悶熱、濕氣重的天氣最適宜打掃玻璃窗，可依髒汙情形變換不同的清潔方式。

最適宜清理玻璃窗的氣候，就屬陰濕天氣。若在晴朗時進行清潔，其水分或洗潔劑將很快蒸發，如此便容易出現乾涸痕跡。假設玻璃窗有點小汙垢，可用乾淨抹布沾水濕擦一遍再擦乾即可。若窗戶十分骯髒，可將玻璃洗潔劑裝入噴霧器中噴灑幾下，利用抹布或海綿擦去汙垢，再以清水濕擦並擦乾。另外，還可將丁字型擦乾器搭配少許洗潔劑，以快速清除髒汙，相當便利。

達人超效清潔術

報紙

報紙的油墨非常適合擦除油類汙垢。首先應拭去灰塵，同時將舊報紙揉成一團後沾濕擦拭，再以乾報紙擦乾水分。依畫圓方式抹拭，玻璃即可光亮如新。

丁字型擦乾器

如果家裡有丁字型擦乾器，即使不用洗潔劑，也可加清水簡單清洗。首先用海綿沾水擦拭，使汙垢浮起，再用丁字型橡皮擦乾器自上而下拭乾水分。

清潔溜溜小妙計

由左至右，由上至下的窗户清潔術

大型玻璃擦拭起來相當費力，因手不夠長，故可利用丁字型橡皮擦乾器清理，如此將會省事不少。而向外凸出的窗子，因難以擦拭，故可先由離自己所站之處較遠的上方部位開始往自己面前橫擦。反覆自左而右，由上到下擦拭（如圖號順序所示）。最後再用乾布拭去角落水分即可。

步驟掃除法

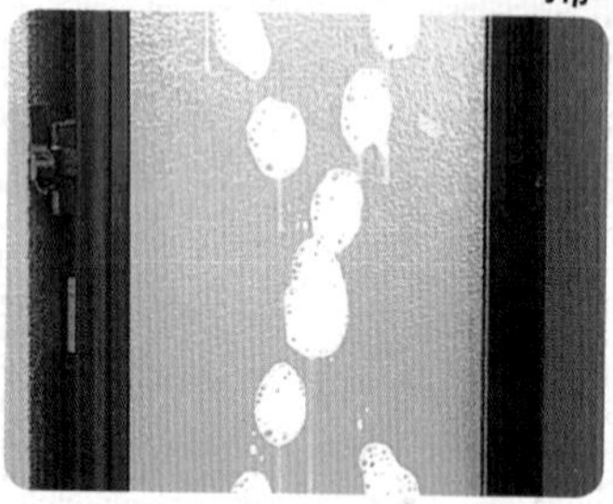

1 清洗毛玻璃或有花紋玻璃時，應先以玻璃專用洗潔劑在其表面噴X字型。而戴上橡皮手套時，應將其手套尾端往外折起一摺，以防洗潔劑流入手套內。

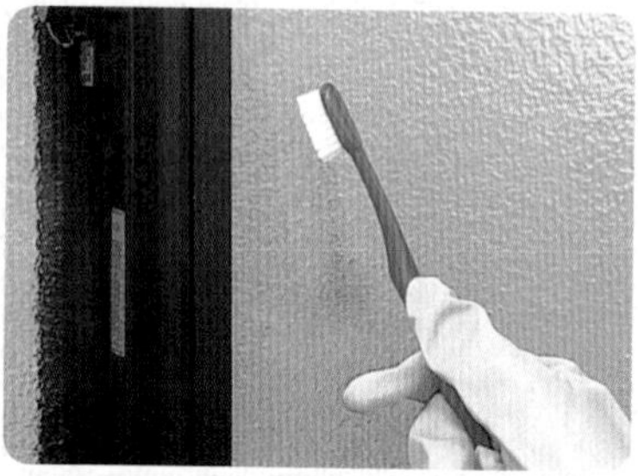

2 有花紋的毛玻璃，因其凹凸處容易殘留髒汙，故可利用棕刷或舊牙刷去除汙垢，再以清水濕擦，並同時以乾布擦乾。

窗框的溝槽

清理窗框的汙垢，千萬別嫌麻煩，
實實在在地去除髒汙才能常保潔淨。

面對複雜的窗框構槽，許多人因怕麻煩而忽視溝槽內的髒汙，長期下來，當其汙垢碰到水而成了泥塊時，將會更難清除。因此，平常如果可用吸塵器的細縫管嘴來清理窗框，就不易形成塊狀髒汙。但若發現髒汙結塊時，可待其乾燥後使用舊牙刷或衛生竹筷挑出，並以吸塵器吸取即可。

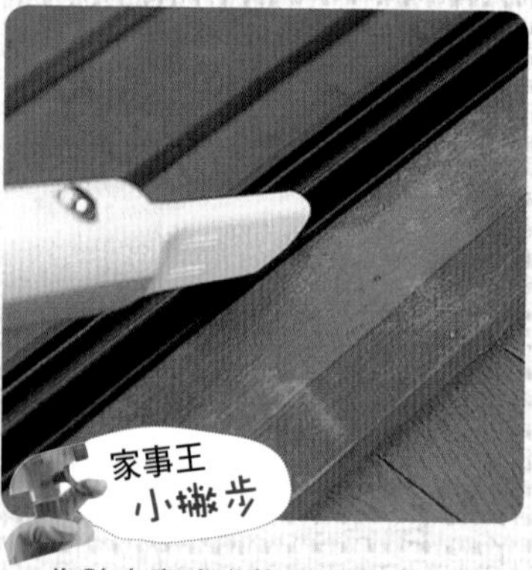

家事王 小撇步

為防止塵埃堆積，平時就應仔細打掃。細微的灰塵可利用吸塵器的細縫管嘴來清除，如此一來，窗框的灰塵便無所遁形。

紗窗

若紗窗無法取下清洗時，可用兩個海綿，夾著紗窗擦拭。

為了防止灰塵再次弄髒已打掃過的地方，清理紗窗時須謹記「先清內側後清外側」的原則。如果是能拆下的紗窗，最好半年左右就拿到浴室中徹底清洗一次。如果紗窗無法拆下，可先用吸塵器吸取灰塵，再用濕海綿夾著紗窗擦拭乾淨，最後用乾抹布擦乾。如此一來，非但不會弄髒地板，還能輕而易舉地除去紗窗汙垢。

start!!

步驟掃除法

1 一般來説，可以舊牙刷來清除窗框角落的汙垢、灰塵。若使用吸塵器來吸取，塵埃會四處飛揚，但以麻布手套來擦拭，除了能防止灰塵飛散外，還能保護玉手避免窗框刮傷。

2 除去灰塵後，可利用衛生筷扁平的那一端裹上一小塊布，沾取洗潔劑來擦拭窗框，接著再用清水拭淨洗潔劑並擦乾，最後塗上一層車蠟，如此一來，汙垢便不易附著。

達人超效清潔術

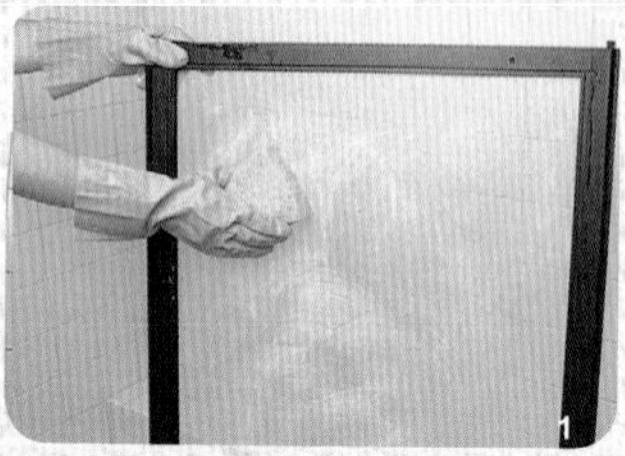

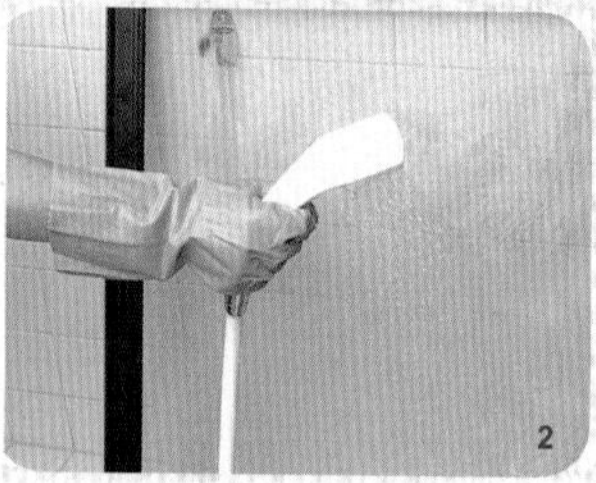

蓮蓬頭去汙法

❶將拆下的紗窗移往浴室，先用清水沖一遍，再噴上家用洗潔劑的稀釋液輕輕地用海綿擦拭，應注意力道，以防弄壞紗窗。

❷將蓮蓬頭由上而下沖洗汙垢與洗潔劑，待完全沖乾淨後，再用乾抹布擦去水分，最後放置陰涼處風乾即可。

步驟掃除法

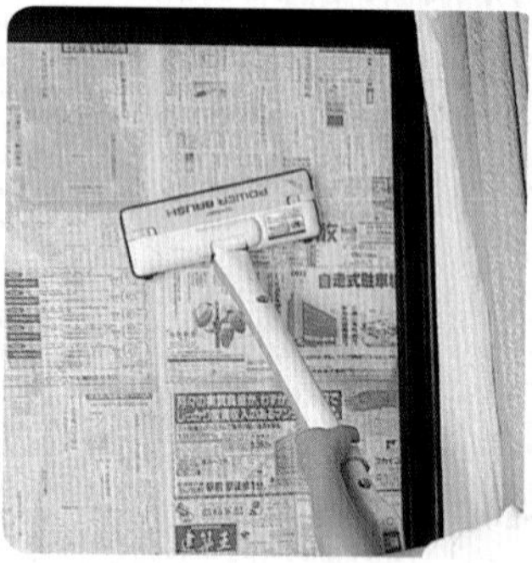

1 為便於清除紗窗上的塵垢，應先在紗窗的另一側貼上一層舊報紙，再用吸塵器來吸取塵垢。此外，也可用乾海綿夾住紗窗來拂拭汙塵。

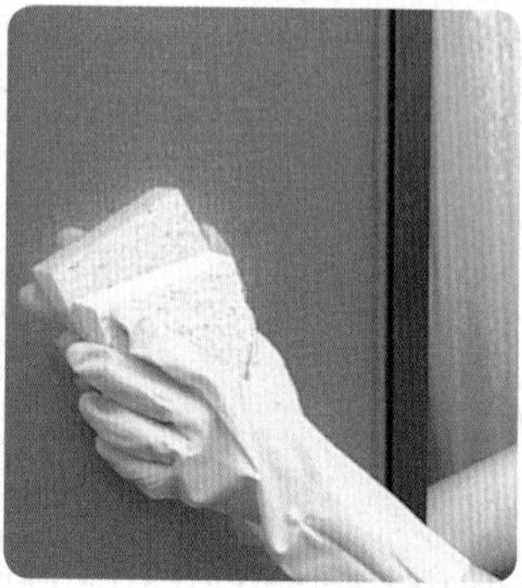

2 接著用兩塊濕海綿夾住紗窗搓洗。假使髒汙情形嚴重，可將海綿沾取家用洗潔劑擦拭，最後以清水清洗一遍再風乾即可。

窗簾

平時可利用吸塵器來清除灰塵，但大約一個月須取下來清洗一次。

其實只要利用吸塵器，就能維持窗簾的潔淨，但若有清潔棉被專用的噴嘴將更為方便。抑或者利用細縫噴嘴，也能輕鬆吸取窗簾上的灰塵。因其不會吸附窗簾卻能清除塵埃，相當實用。

平時雖以吸塵器清理窗簾，但約莫一個月便須將其拆下以洗衣機清洗一次。而聚酯或是尼龍材質的窗簾，脫水後可吊起風乾，最後噴上防水噴霧，以防灰塵沾黏。

此外，掛鉤可在拆下後用洗潔劑擦去汙垢，放置一會兒後風乾即可。而窗簾的軌道也要適時擦拭，以常保清潔。

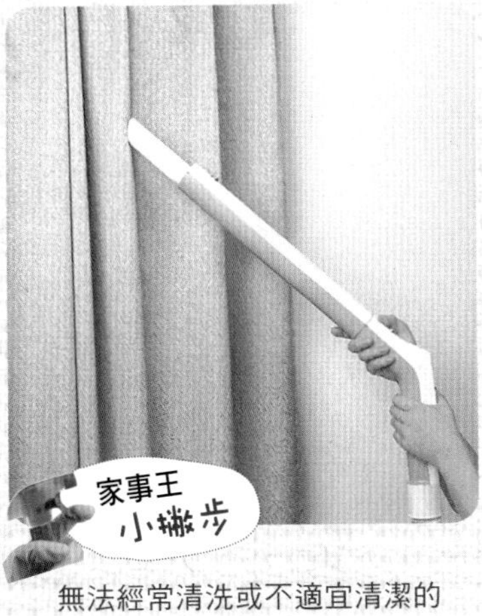

無法經常清洗或不適宜清潔的窗簾布，可利用大掃除的時刻，以吸塵器吸取附著其上的灰塵。其實，利用吸塵器的細縫噴嘴來清除灰塵，不僅能避免窗簾整個吸起，還可有效清除灰塵，不失為一種簡易方法。

清潔溜溜小妙計

無法用洗衣機清洗的大型物件洗濯法

❶ 將窗簾折好放入已倒入清潔劑的浴缸中，利用雙腳踩壓以除去灰塵。當水流沖洗過後，置於浴缸邊緣約30分鐘～1小時，直到水滴不再落下為止。

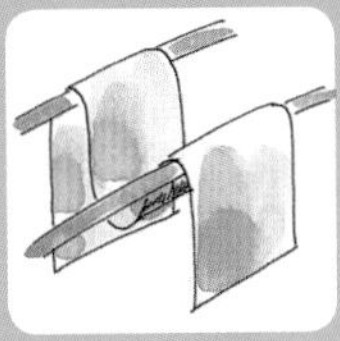

❷ 利用兩根晒衣棍將窗簾以M字型風乾（如圖所示）。並趁其尚未完全晾乾時，收進來掛在窗簾軌道上。如此一來，就能防止窗簾完全晾乾後所產生的皺褶情形。

百葉窗

只要活用麻布手套清潔法，百葉窗無須拆解也能輕鬆除垢。

百葉窗若可拆解，可將其移至浴室中清洗，並置於地板上拉開攤平，以洗潔劑清除汙垢。另外，也可利用洗車專用刷輕輕刷洗百葉窗，而背面也要記得清洗。如果覺得拆裝百葉窗相當費事，以下有個簡單妙方可供讀者們使用。

步驟掃除法

1 先以百葉窗專用的刷子或是清理神桌的小掃帚除去塵埃後，將百葉窗關閉，接著以吸塵器全面吸取灰塵。但須注意力道，以免將百葉窗扯壞了。

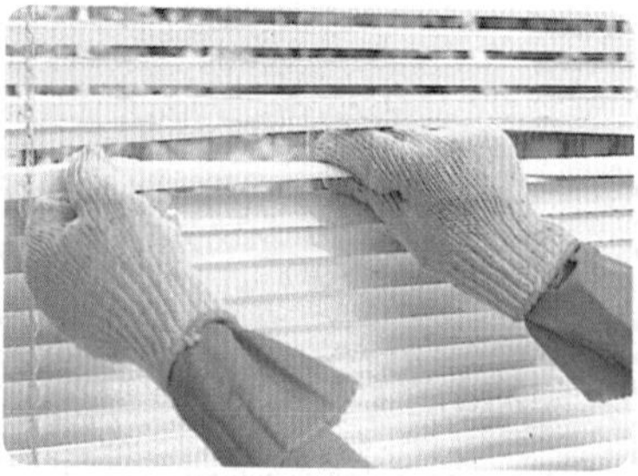

2 接著戴上橡皮手套，再套上一層麻布手套，浸於洗潔劑稀釋液中，擰乾水分後，以手指夾住百葉窗，一排一排地擦拭乾淨。最後再換上新的麻布手套，用清水濕擦再擦乾即可。

達人訣竅

別使用一般撣子清潔百葉窗，如此將容易造成灰塵紛飛的情況。

furniture

家具

家具

家具的維護將依材質之不同而有所差異。

基本上，原木家具因材質為天然木的關係，所以只限於乾拭法。針對明顯汙垢應使用抹布沾取家用洗潔劑稀釋液，在擰乾後擦拭汙處。若家具上塗有假漆（凡立水），則可用化學抹布或擰乾的抹布濕擦即可。假使是三合板製成的家具，使用化學抹布、家用洗潔劑或清水來擦拭，都不會損及家具材質。此外，梧桐類木製品屬於較細緻的家具材質，只能用絹或是較柔軟的布配合乾拭法來清潔。若是藤製或布製家具，就必須利用吸塵器仔細清理。

start!!

步驟掃除法

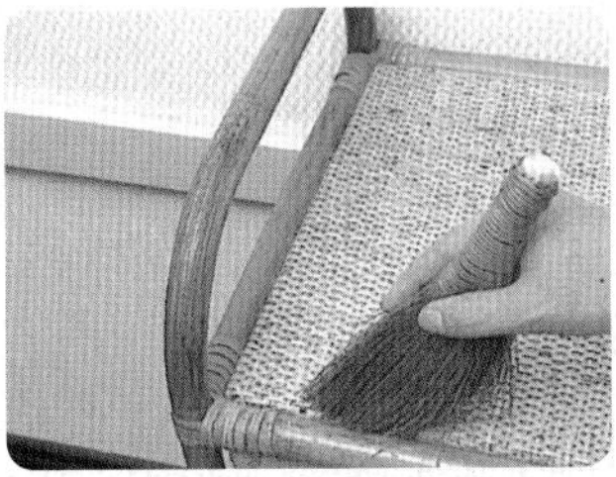

1 灰塵最易囤積於籐製家具的間隔細縫中，此時可利用刷子或是清理神桌的小掃帚仔細刷出塵垢。打掃祕訣在於要順著編織方向清掃。另外，用吸塵器的細縫噴嘴來吸取塵垢，也是十分有效率方法。

2 發現明顯髒汙時，可將抹布沾取家用洗潔劑稀釋液，擰乾後擦拭汙處。由於清潔劑及殘留的水氣會縮短籐製家具的壽命，因此要徹底擦乾，並放置於通風良好的地方晾乾約一天的時間。

家事王小撇步

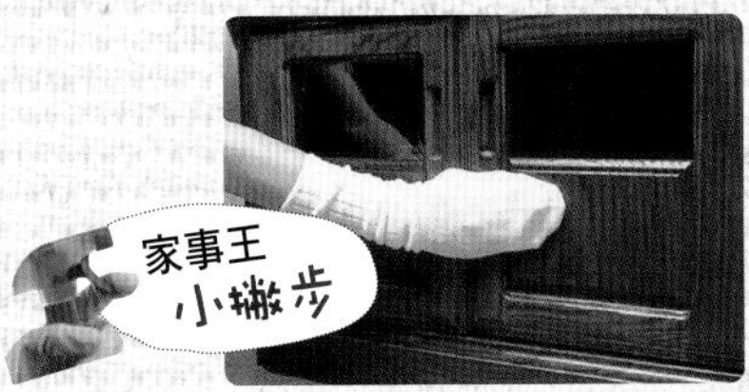

舊襪子用來擦拭木質家具將有神奇作用。在手掌上重複套上兩、三雙舊襪子輕拭家具周圍，可使其光亮如新。若手上的舊襪子髒了可將它脫下，以第一層的乾淨襪子擦拭。

清潔溜溜小妙計

木製家具的上蠟法

適時為家具補充油脂，是保養家具的一大重點。幫家中的老舊家具上蠟後，將會煥然一新！除了能恢復家具原先的光澤，還具有防止汙垢沾黏與附著的功效！

首先拂去灰塵，用清潔劑除去汙垢，拭淨風乾4~5分鐘。接著再以乾淨布沾取水性蠟，均勻塗抹家具上，仔細將其磨到光亮，最後擦乾即可。此時須注意水性蠟的用量，若分量過多，反而容易沾黏灰塵，結果將適得其反。而在此須以家具用水性蠟來保養，購買使用前，千萬記得先詳細閱讀使用說明。

達人訣竅

將實木家具擺放在距離牆面1公分的位置，可有效防止發霉。

start!!

步驟掃除法

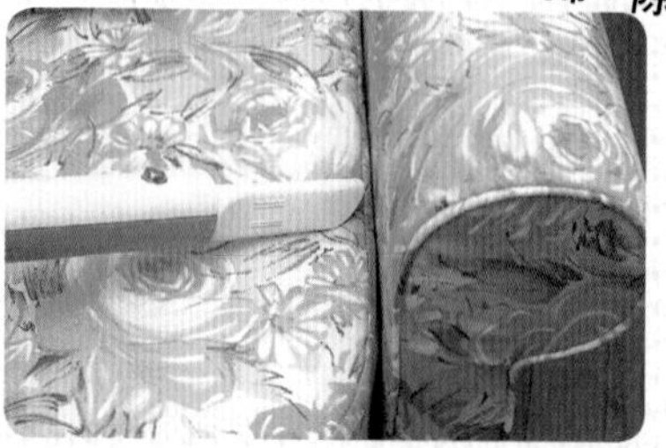

1 利用吸塵器全面清除布沙發上的灰塵，很快就能一乾二淨。對於特別容易積留灰塵的角落、細縫，可換上扁平的管嘴，仔細清除任何一個角落。

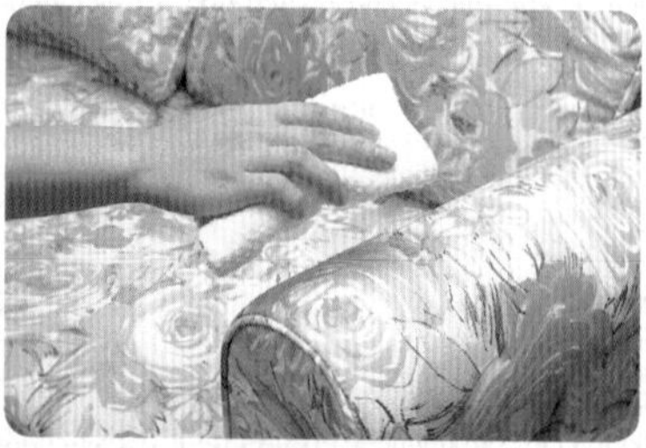

2 如果覺得布沙發好像髒了，可用抹布沾取清潔劑稀釋液，以按壓的方式，拂拭整體一遍，之後再輕輕塗上醋，兩者在經過中和之後，能有效防止汙垢沾染。

electric appliance

家電

電視、音響設備

利用電器專用的抹布，清潔每一個角落。

一旦被問及家中最容易清潔不當的家電，大部分的回答都是電視等產品吧！事實上，有許多人因為對其不熟悉，而視其如黑盒子一般，不敢任意動手整理。

由於精密機器是水氣的禁地，故絕對嚴禁以水擦拭，否則容易造成機器故障！無論是電視或音響，基本的對策是先用化學撢子（64頁為化學撢子的製作法）有除去塵埃再乾擦。為避免損壞電視映像管，擦拭螢幕外膜時，最好使用含矽樹脂的布（用來擦拭眼鏡的布）或紗布等柔軟材質來清理。另外，可利用棉花棒來清除開關、遙控器上的手垢，以全面清除死角髒汙。

達人超效清潔術

棉花棒活用術

遙控器可利用棉花棒沾取廚房用洗潔劑稀釋液以除去汙垢。此外，遙控器的乾拭法同樣也是運用棉花棒來輔助。或者也可利用棉花棒來清除電腦鍵盤上的灰塵。

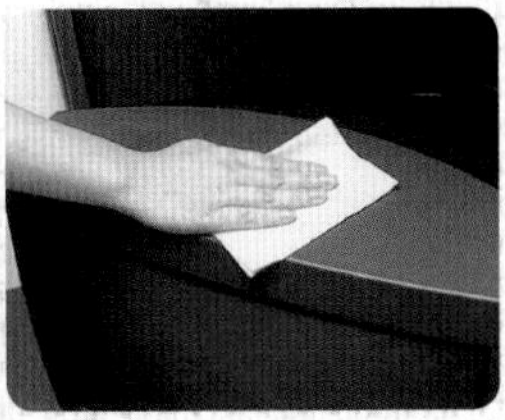

電器乾拭法

電視的外殼，平時只要以乾拭法來清理即可。但若出現汙垢時，可將布浸濕清水以擰乾擦拭，但之後要盡量拭淨水分，保持乾燥，以免機器損壞。

化學撢子清潔法

映像管最易產生靜電作用而吸附灰塵，因此要先用化學撢子除去灰塵，之後再用絨布、含矽樹脂的布或紗布等來乾拭。

化學撢子的製作法

清潔電視音響等電器產品時，化學撢子是不可或缺的打掃用具。

在此將為讀者介紹既省事又經濟的掃除好幫手—化學撢子。須先準備化學抹布以及10～20片包裝的長竹筷、膠布等材料來製作。只要有了這件法寶來幫助掃除，令人討厭的灰塵及塵埃飛揚的情況便不復見了。由於化學撢子因可產生靜電而吸取灰塵，只要輕輕拂拭，髒汙立刻消失殆盡！

家事王 小撇步

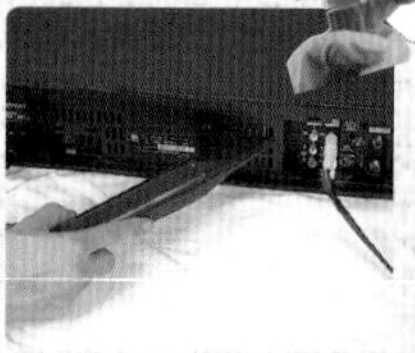

按鈕、開關等細微處的灰塵，可利用筆型刷來清理，由於它能自由轉動，因此相當容易深入細縫以清出塵垢。如果沒有筆型刷，也可利用水彩筆清理，同樣也能清潔溜溜！

電器通常有許多電線及插座，而電器背面的插座更容易堆積灰塵，故這時可利用細縫管嘴仔細吸取。但必須注意清理前應先切斷電源，以免發生危險。

start!!

自製撢子法

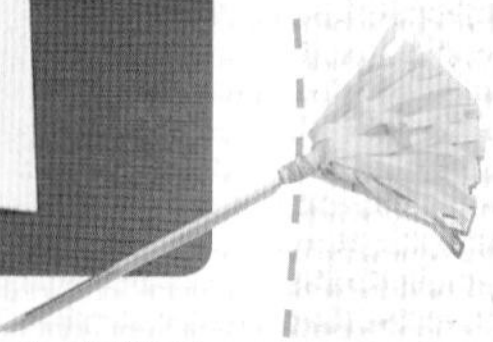

1 將三條化學抹布重疊再對折為二，留下5公分做為捲入長竹筷的空間，並自側邊剪成間隔1公分的條狀。

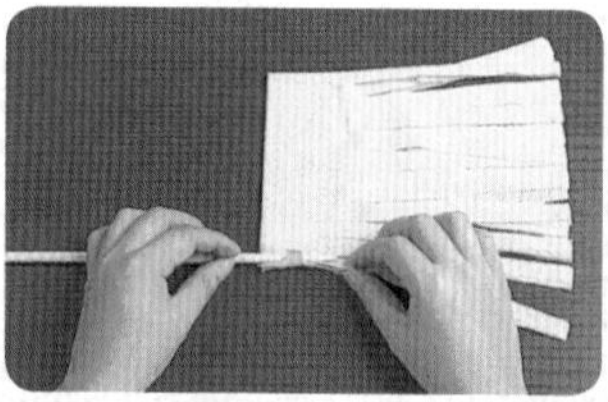

2 在預留5公分寬的空間上放置長竹筷，一端以膠帶固定住，最後再將化學抹布捲於竹筷上。

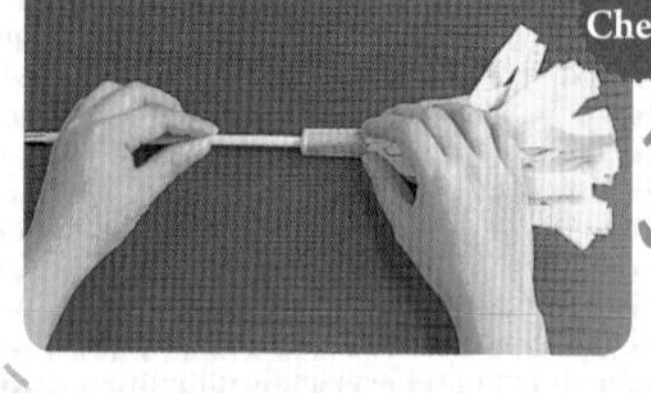

Check

3 捲好之後，再用膠布確實固定住，然後以細線由上而下纏繞膠帶綑綁處，如此就不易脫落了。

電話傳真機

將棉花棒置於電話旁，就能隨時清潔。

電話表面因按鈕緣故而凹凸不平，此時可利用棉花棒來清理電話上的灰塵，以描繪方式來清理聽筒及按鈕溝槽。而在電話旁不妨準備些棉花棒，可邊講電話邊進行清潔工作。若話機出現髒汙時，可以洗潔劑擦拭。此外，沾有手垢的聽筒通常是話機最髒之處，針對頑強汙垢可用濕海綿沾去汙劑擦拭，接著再用乾淨的濕抹布擦乾即可。

達人訣竅

若覺得話筒部分有異味，可在話筒下方墊茶包，以達到吸附臭味的效果。事實上，只需要定期更換茶包，便能夠讓話筒處的氣味清新許多。

start!! 步驟掃除法

1 平時只要常常乾擦電話傳真機保養就好。如果整體看起來很髒，可將抹布浸入洗潔劑，擰乾後擦拭話機即可。而電話線亦可以同樣方式來清潔。

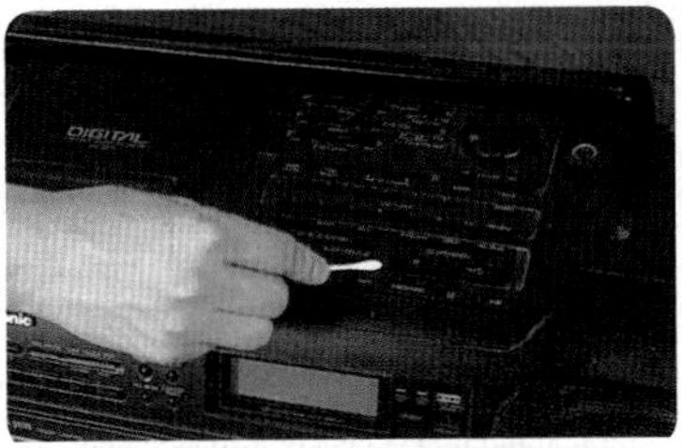

2 聽筒的小洞或是按鈕的溝槽，平時就該用棉花棒以描繪方式清理。硬塊汙垢可用布包裹牙籤來清理擦拭，此舉能輕易去汙。

家事王小撇步

首先，用環保紙巾沾少許消毒清潔劑擦拭話機，以達到殺菌、清潔亮麗及芳香的作用，接著再使用電話噴霧消毒劑，其效果更佳，最後貼上芳香片，能讓除臭效果更持久。

燈具

燈罩內外、電燈泡，以及開關四周都要清理乾淨。

關於檯燈的清潔，平時可利用化學撢子的靜電作用來吸取灰塵，以避免灰塵積留。然而，針對天花板上的燈具，又該如何清理呢？

由於雙手很難觸碰到天花板，再加上燈泡發熱使得灰塵變硬而殘留其上，故常令清理者不知如何是好。尤其是香菸的油漬，只單純使用撢子是無法除去的，因此最好把燈具拆下清洗會最乾淨。當然，依據燈罩種類的不同，其掃除方式也會有所差異。

達人訣竅

清潔打掃天花板及燈具之前，為了避免在掃除過程中，使灰塵沾染到下方家具或其他物品，可先用報紙鋪在物品上，避免沾染。

步驟掃除法

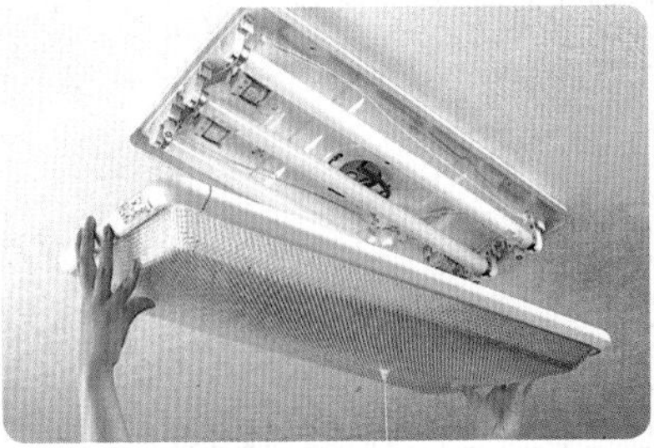

1

關掉電源後小心取下燈罩、燈管。拆裝方式為壓住燈罩並旋轉螺絲即可卸下，記得要先了解拆卸方法後再進行。

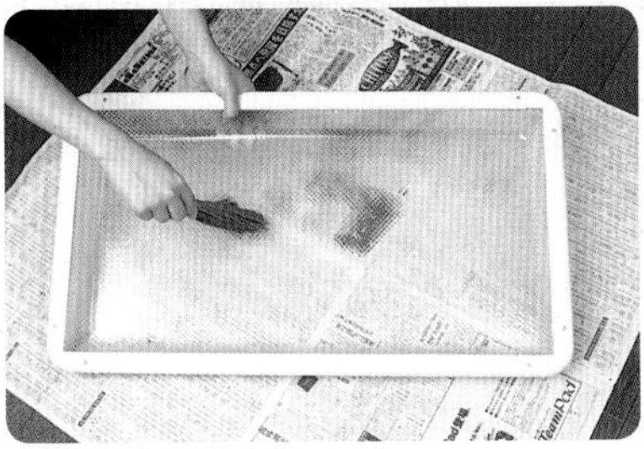

2

將取下的燈罩置於報紙上，先用小掃帚或小刷子掃掉髒汙，或是利用吸塵器吸取。而開關的拉線則用濕布沾洗潔劑擦拭即可。

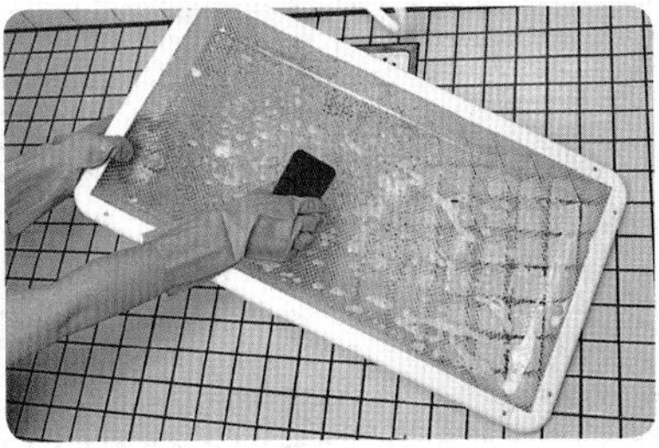

3

將燈罩拿到浴室沖洗一遍。用濕海綿沾取中性洗滌液，**以畫圓的方式**，擦除燈罩內的汙垢。

Check

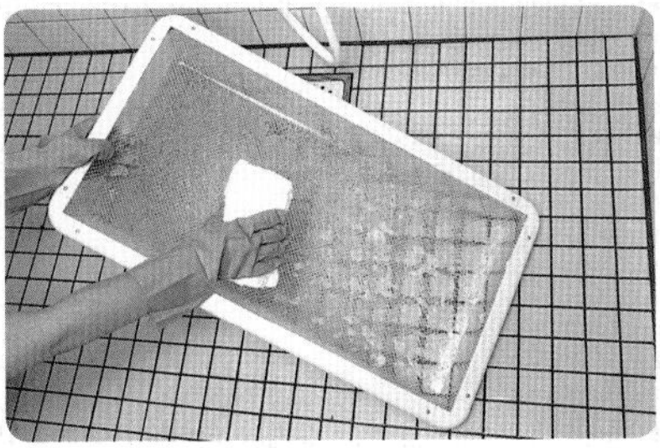

4

不論是用水沖洗或是以濕布擦掉洗潔劑，最後均需擦淨、晾乾燈罩。至於燈管的清理，必須等到燈管完全冷卻後，才能開始清潔，以免灼傷。其方法為擰乾浸有廚房用洗潔劑的抹布來輕輕擦拭燈管，接著再以清水拭淨、擦乾即可。

start!!

步驟掃除法

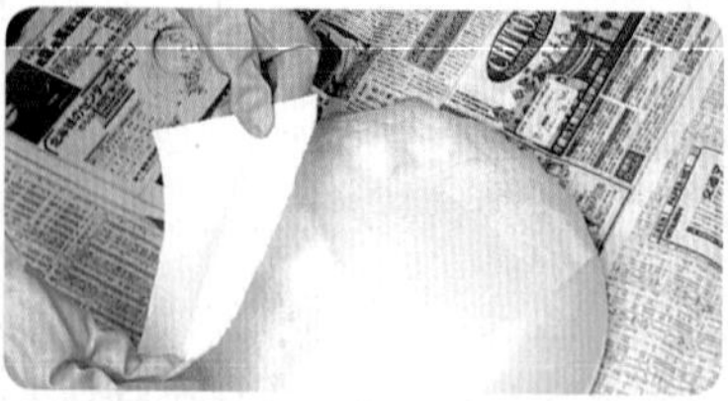

1 當髒汙十分嚴重時，可利用濕布法清理。在地板上先鋪一層報紙，並將燈罩置於其上，同時噴灑大量的家用洗潔劑，再鋪上一層餐巾紙，但要注意的是，必須不留一點空隙地完全蓋住。

2 放置10~20分鐘後，汙垢會自動浮出，並利用覆蓋其上的餐巾紙，將燈罩整個擦拭一遍，汙垢便能完全清除。這時，將會發現燈罩光亮如新。

Check

3 最後用水沖洗或以濕布拭淨燈罩，並用乾抹布徹底拭乾水分，保持乾燥。**如果有水氣殘留，燈泡會發生短路情形**，因此須十分小心。

清潔溜溜小妙計

布製燈罩

平日保養燈罩只須使用擰乾的抹布或是刷衣服的專用刷子來清除塵垢。但針對難以擦拭的塵垢，可用抹布沾取廚房用中性洗潔劑稀釋液，以按壓方式擦拭即能輕鬆去除。而附著的汙垢只要用揮發油以按壓方式拭去，即可恢復如新。

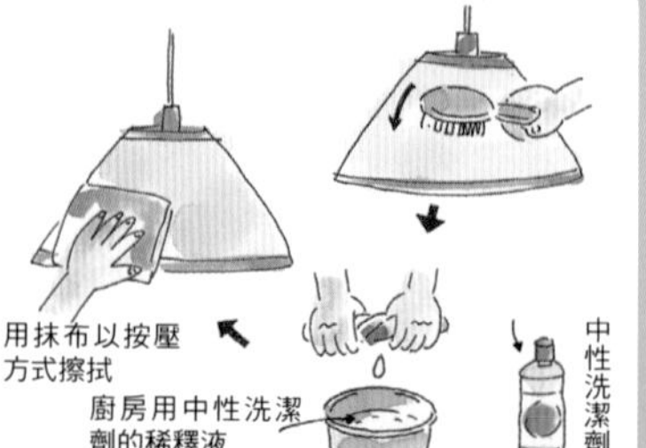

冷氣機

基本掃除法當然是利用吸塵器徹底清除灰塵。

由於冷氣機會吸入室內塵埃，故濾網必定堆積一層厚厚的汙垢。如果放任不管，不僅會因汙垢阻擋冷氣送風而浪費6%、10%的電費，其功效也會大為降低，故應特別注意。其實平常只要利用吸塵器前端管嘴來吸取堆積的灰塵即可，待夏季結束時，再將濾網取下以洗潔劑清洗。而冷氣機溝槽中的灰塵，可用刷子刷出，並以吸塵器吸淨，機器外殼上的汙垢則可用洗潔劑拭淨。

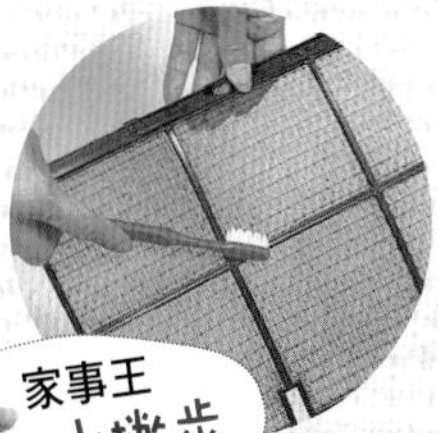

家事王小撇步

如果覺得濾網特別髒，可先塗上家用洗潔劑稀釋液，放置一會兒後再用舊牙刷刷洗。如此一來，在不傷及濾網的前提下，便可輕鬆清理乾淨。但有些濾網無法用水清洗，因此須多加注意。

步驟掃除法

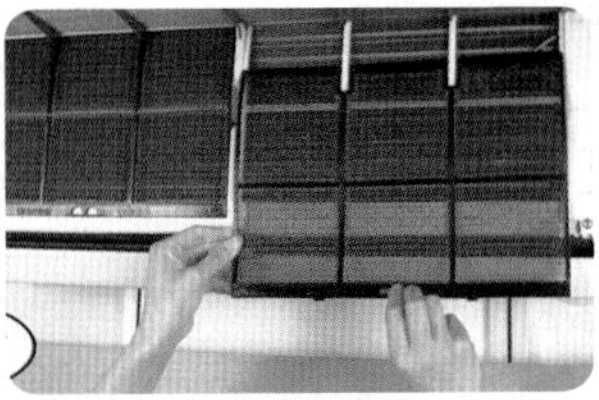

1 打開冷氣蓋子就可看見一個如同網狀的東西，那就是濾網。濾網通常很容易拆卸，故在取下時，應檢查灰塵附著的情形。當然有些冷氣機只要輕輕一拉，即可取出濾網，相當方便。

2 清理濾網時，通常只要利用吸塵器的細縫管嘴吸取灰塵即可。為了避免在清掃時弄髒地板，記得在濾網下鋪一層報紙哦！

暖氣機

依電器的不同特性，會有相異的清潔方法，而清理後再收藏，較不易毀壞。

活躍於冬季的暖氣設備，到了春暖花開時，須清理過後才能收藏起來，否則暖氣會很容易故障。

暖氣機若能拆下的部分，可將其卸下拂拭灰塵，把沾有家用洗潔劑稀釋液的抹布擰乾，仔細擦拭一遍。而電氣暖爐中的發熱管及接頭部分千萬不能用濕擦法，要運用乾拭法才行。

家事王 小撇步

當各項電暖器清潔完畢後，要插上插頭，讓內部電暖氣的水氣蒸發，同時也能避免電器因內部的潮濕而導致電路板的損壞。

步驟掃除法

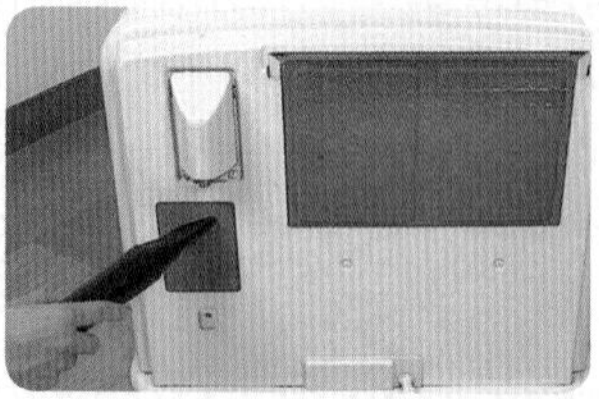

1 風扇式暖器背面所沾附的灰塵，可利用吸塵器的細縫管嘴吸取。若發現有細小汙垢時，可用已包布的竹籤將其剔除乾淨。而外殼部分則先用水濕擦再擦乾，之後收入儲藏室或櫃子中即可。

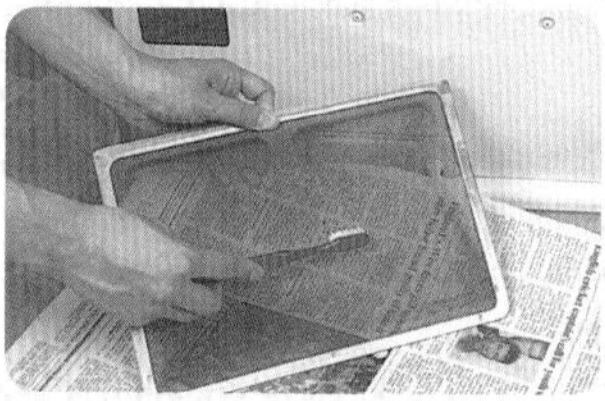

2 將濾網取下除去灰塵。由於網口十分細小，我們可借助舊牙刷來清掃，相當好用。至於頑垢的清除法與清理冷氣機濾網的方式相同，先塗上洗潔劑放置一會兒再刷洗，將其徹底沖洗乾淨後，晾乾即可。

方便拿取又整齊的抽屜

達人超效整理術

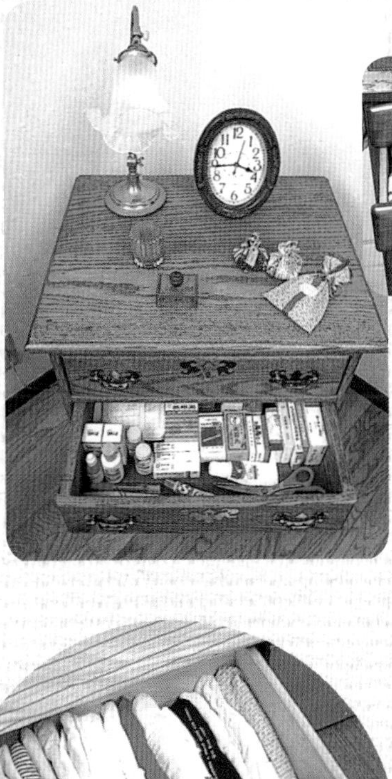

1 將容易散亂的藥物及紙袋放置在抽屜中，不但易於拿取也可避免沾染灰塵。而盡量不要把東西放在外面，也是方便清掃的祕訣之一。

2 將衣服折成同樣大小，以直立的方式放入衣櫃，雖然裝得很滿，卻能快速找到要穿的衣服。

·客·廳·篇·

掃除密技大公開

how to do!!

達人教你這樣做！

★牆壁上的貼紙

撕掉貼紙的最好方法，就是利用吹風機的熱風對著貼紙吹數分鐘。如果還有白白的黏著物，則用布膠帶以按壓方式黏起。

★冷氣機

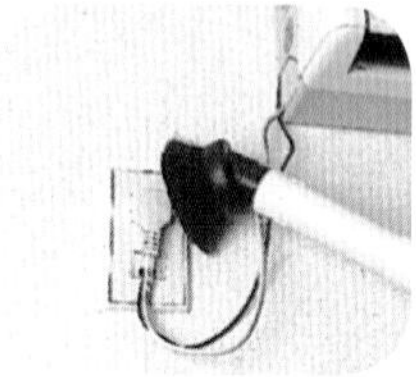

塵屑通常是漏電的原因，可利用吸塵器的刷嘴來吸取積留在插座中的塵埃。

平時就要用化學撢子輕輕地去除灰塵。

★冷氣機

❸用抹布沾取中性洗潔劑擦拭後，再以濕抹布拭淨、擦乾即可。另外，也可使用不需二次清洗的洗潔劑，以縮短清掃時間。

❷冷氣機表面的塵屑也可利用吸塵器來吸取。

❶用吸塵器吸取濾網上的塵屑。若覺得特別髒時，可將其拆下，移置浴室中清洗。

★窗戶

用少量的玻璃亮光清潔劑在窗戶上噴個「X」型，就能拭淨窗戶！

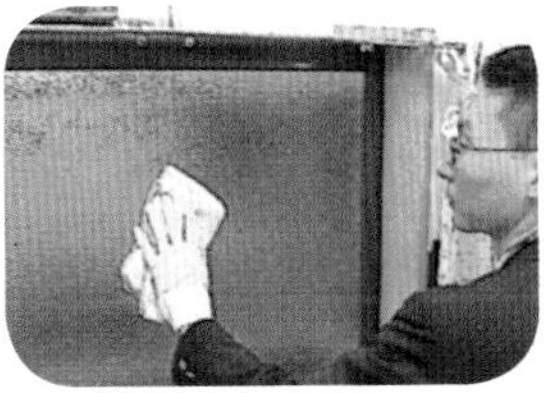

窗緣的汙垢或毛玻璃上附著的汙漬，可利用舊牙刷清除乾淨。

凹凸不平的玻璃，不必用丁字型乾擦器去除髒汙，用乾抹布拭淨即可。或者，以清潔劑擦淨後，將抹布換面拭乾，當抹布與玻璃之間發出輕脆的聲響時，就表示玻璃很潔淨了。

★鋁門窗檻

利用攜帶式噴霧器的單一水柱功能，藉由水壓的作用沖擊出角落的泥汙。

如果泥塊很難清出，這時可用濕抹布包住竹筷以輕鬆去除泥垢。

★牆壁上的汙漬

利用化學抹布清理壁面相當費力，故使用化學撢子的靜電力來去除塵埃就方便多了，即使將整個壁面完全拂拭一遍也不覺得吃力。

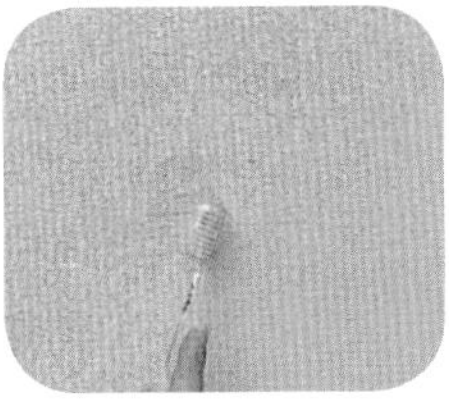

如果用洗潔劑還是無法消除附著於樹脂壁紙的汙漬時，可利用去汙劑和牙刷清除。而預防刮傷壁紙的祕訣是「輕輕地以畫圓方式刷除」，最後用乾淨的濕抹布拭淨再擦乾即可。

由於廚房是處理飲食的場所，
因此，一定要特別留心衛生問題，
其實只要每次使用完畢後，將其恢復原狀，
廚房就能夠常保整潔衛生。

Chapter 3
廚房
分區清潔整理法

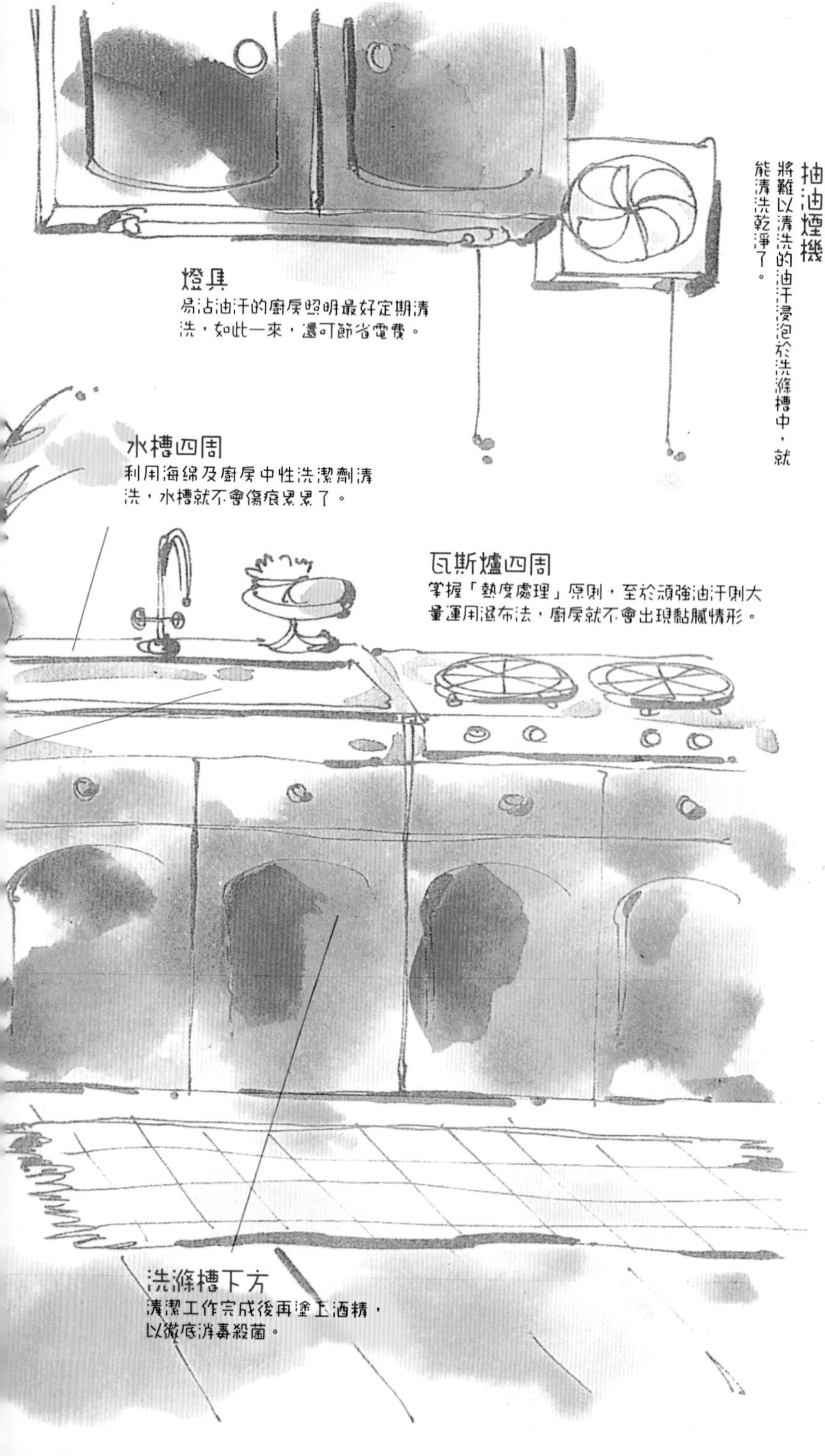
抽油煙機
將難以清洗的油汙浸泡於洗滌槽中，就能清洗乾淨了。
燈具
易沾油汙的廚房照明最好定期清洗，如此一來，還可節省電費。
水槽四周
利用海綿及廚房中性洗潔劑清洗，水槽就不會傷痕累累了。
瓦斯爐四周
掌握「熱度處理」原則，至於頑強油汙則大量運用濕布法，廚房就不會出現黏膩情形。
洗滌槽下方
清潔工作完成後再塗上酒精，以徹底消毒殺菌。

牆壁
以循序漸進的汙垢掃除法，就能輕鬆恢復潔淨。
窗戶
平時經常用熱水擦拭，頑強油汙則用溼布法來清除。
微波爐
能去除的汙垢就先清除，再用洗潔劑擦拭乾淨。
電冰箱
放任髒汙累積通常是導致冰箱故障的原因，故平時的保養十分重要。
排水口
抑制排水溝的惡臭有賴於平時的勤加清洗。
烤箱
由於食物會直接接觸烤箱內部，故應注意不要積留油汙及烤焦物。
熱水壺、電子鍋
外圍用水擦拭後，再以消毒酒精擦拭一遍。
地板
依材質不同，各有相異的掃除法。

hot plate

瓦斯爐

瓦斯爐四周

掌握「熱度處理」原則，頑強汙垢則大量運用濕布法。

平時就要注意瓦斯爐四周的保養與清潔。每次使用後，可趁其餘熱擦拭剛附著上去的油汙，甚至不需洗潔劑，只要用熱水擦拭，即可清除乾淨，如此就不會殘留黏糊、令人作嘔的油汙。廚房的髒汙通常以油垢居多，而油炸、煎炒時所四濺的油煙範圍，一般來說，約為半徑2至3公分的圓形汙漬。因此，應該維持一個月清洗一次，配合洗潔劑，並運用濕布法來消除油汙。

此外，不要忘記檢查燃燒爐心是否阻塞，最好稍微清理一下。還有，而橡皮管上的油汙應定期清理，否則會加速軟管的損壞情形。因此，不僅要認真保持瓦斯爐的潔淨，還要定時更換瓦斯軟管。

達人超效清潔術

「熱度處理」原則

1. 瓦斯爐上沾黏的調味料或固體油漬，可利用衛生竹筷或木片來清除。大體而言，一般的油汙都可運用此法處理。
2. 除去明顯的髒汙後，利用擰乾的熱抹布擦拭一遍即可。若能養成在瓦斯爐的熱度未散時以熱水擦拭的習慣，正是防止油汙附著的訣竅。

start!!

步驟掃除法

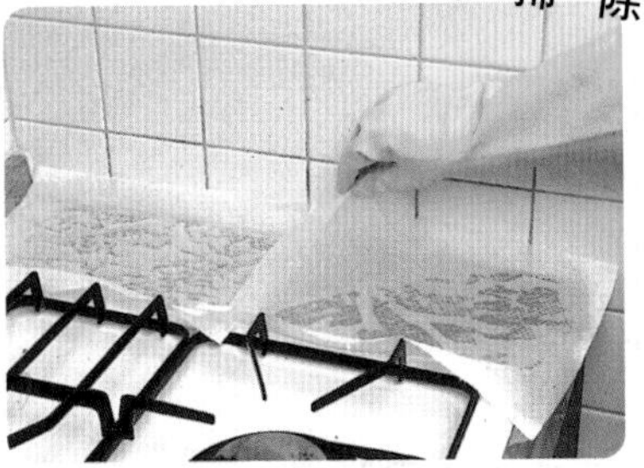

1 建議運用濕布法對付頑固附著的油汙。首先在油汙附著處噴灑強力洗潔劑，之後再鋪上廚房紙巾。

2 放置約10至15分鐘後，待其油汙溶解浮起時，再將廚房紙巾撕起，並以該紙巾擦拭汙垢。

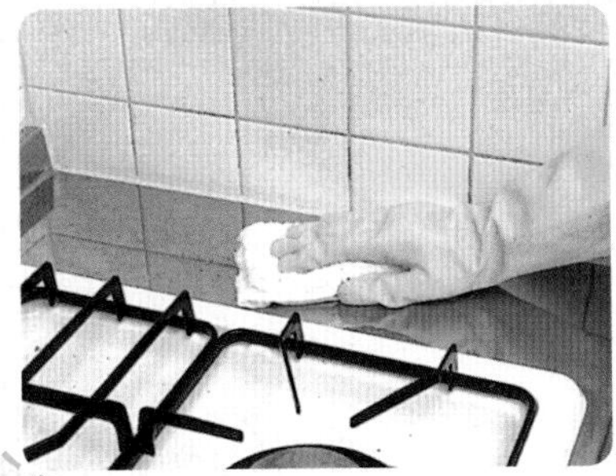

3 將抹布沾清水擰乾擦拭，直到洗潔劑完全清除為止。如果使用濕布法還是無法清除汙垢，可利用鋼絲絨球刷沾點洗潔劑來處理。

家事王小撇步

方便在任何場所使用的濕布法

清掃廚房所運用的濕布法是利用何種原理來去汙呢？首先將洗潔劑噴在汙垢上，蓋上廚房紙巾或是保鮮膜以形成一個密閉狀態，不僅能防止洗潔劑變乾，還能提高清潔效果。藉由此法可讓洗潔劑完全滲入汙垢中，使其溶解浮出。這種方法能提高掃除效率，值得讀者靈活運用。

瓦斯爐托盤

麵粉可吸附油汙，
注意爐心莫進水。

清洗瓦斯爐托盤時，可用麵粉來清潔，可以省下購買化學清潔劑的費用。方法是將麵粉撒在油垢上，使其包覆並吸附油汙，破壞油鏈的結構，如此一來，便可將汙垢清潔乾淨。值得注意的是，若爐心也有髒汙，應先以乾布擦拭，盡量別用過多的水清理，以免爐心進水而損壞。

步驟掃除法

1 先取出珐瑯質或不鏽鋼材質的托盤。為了防止表面刮傷，可用海綿沾取洗潔劑刷洗。待刷洗完成後用清水沖洗並擦乾水分，晾乾後再將其裝回瓦斯爐即可。

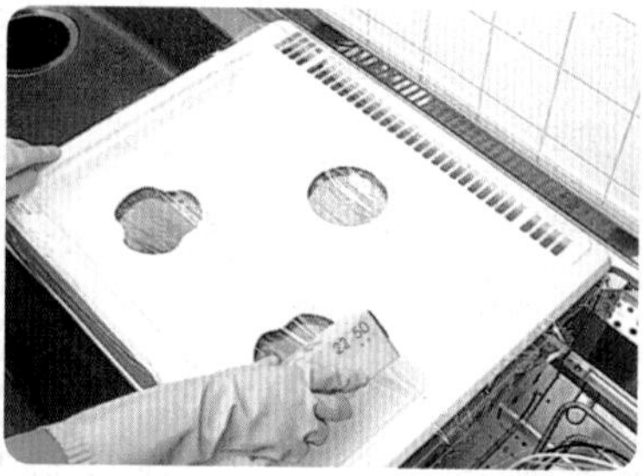

2 若用力刷洗附著的汙垢仍未掉落，此時可用濕布法。以水擦拭一遍後，噴上強力洗潔劑再貼上保鮮膜，注意別讓空氣跑進去，且必須確認保鮮膜是完全緊貼密合的。

3 大約放置2~3小時（放置時間可依髒汙的情形增減），待汙垢溶解浮出後，撕下保鮮膜刷洗一番，再用清水沖洗，待其完全晾乾後，再將它裝回瓦斯爐。

達人超效
清潔術

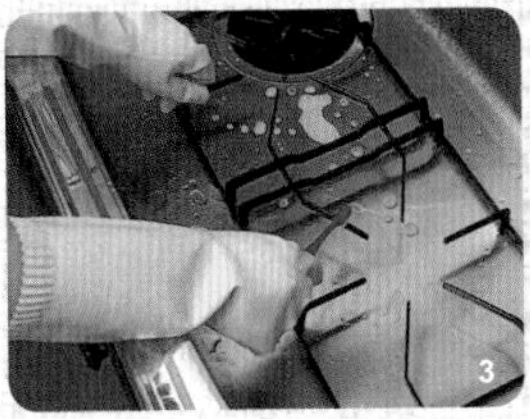

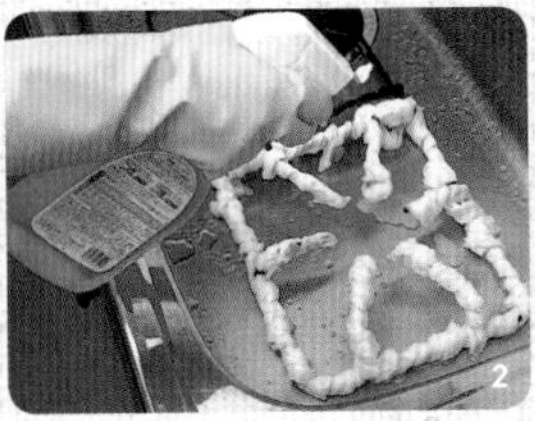

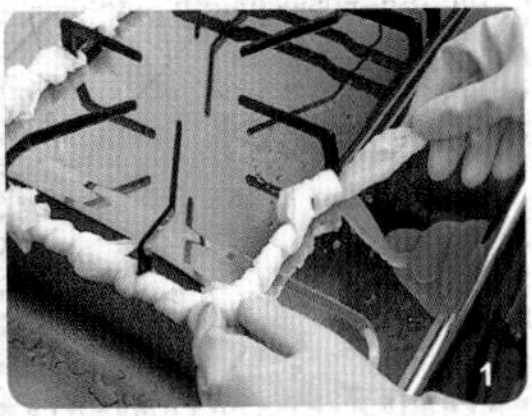

清潔爐架

❶首先將爐架浸於熱水中，使汙垢溶解，並試著用刷子刷除汙垢，若無法去汙，就必須使用濕布法。在頑垢處噴上強力洗潔劑，並扭轉廚房紙巾將爐架包起來。

❷待爐架全部被紙巾捲包住後，再噴一次強力洗潔劑並放置一會兒（記得細微部分也要噴灑）。如果汙垢十分頑強，可於爐架上再包一層保鮮膜，並放置一個晚上。

❸等汙垢溶解後，可利用牙刷或金屬刷去除髒汙。牙刷有助於清除結構複雜及角落的汙垢，使用起來相當輕鬆，一點也不費力。最後再仔細沖洗、擦乾，清潔工作即大功告成。

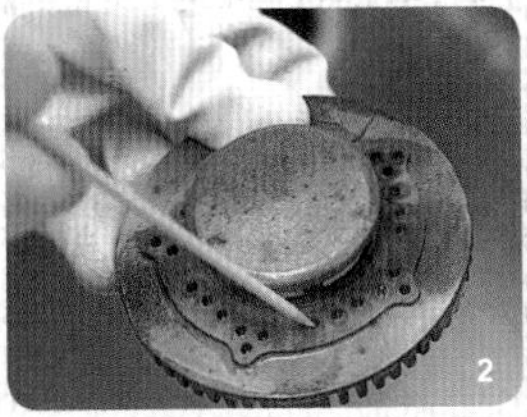

清潔爐心

❶附著在爐心上的油汙、焦碳，可先將其取下用牙刷或金屬刷子予以刷除，若汙垢十分頑強，可用去汙劑或瓦斯爐專用洗潔劑來清洗。沖洗乾淨後，待其完全晾乾後再裝回瓦斯爐。

❷如果爐心阻塞，很容易引起不完全燃燒。這時可用錐子或竹籤剔出阻塞物。但必須留意的是，使用錐子時，力道不要太大，以免洞孔刮傷、擴大。

清潔溜溜小妙計

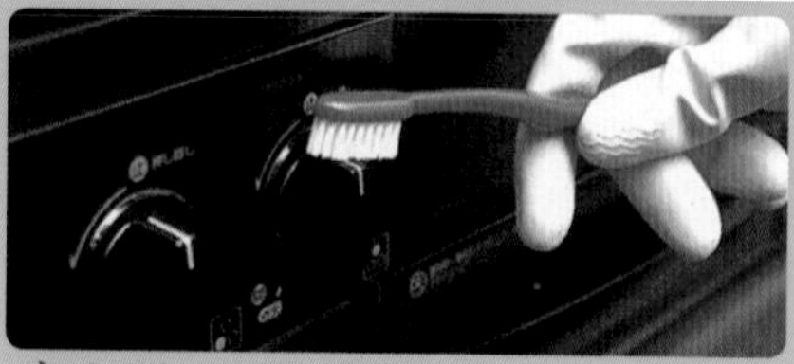

清潔點火旋轉扭

先噴上家用洗潔劑，用布或紙巾小心仔細地擦拭後，再用濕抹布擦拭乾淨。如此才能深入細縫的汙垢。或者也可以利用牙刷刷出髒汙，然後用乾淨的濕抹布擦拭即可。

家事王小撇步

鋁箔護套大活用

清除黏黏的油汙的確讓清掃者勞心費力，若想徹底杜絕討厭的油汙入侵廚房，鋁箔護套是個能善加利用的法寶。從托盤專用的鋁箔盤、瓦斯爐周邊護套到烤箱專用的鋁箔紙，各式各樣的產品種類繁多。若能充分利用這些物品可節省不少心力，亦有事半功倍之效。就連瓦斯橡皮管也有專用的鋁箔套。由此可知，徹底預防油汙入侵廚房，鋁箔護套可謂一大功臣。

達人超效清潔術

清潔瓦斯開關

❶瓦斯開關或瓦斯軟管上出現黏黏的油汙時，記得先將瓦斯總開關關閉，再運用濕布法。噴上強力洗潔劑後，再捲上廚房紙巾，放置一會兒。

❷待油汙溶解後，先用覆蓋其上的紙巾擦去油汙，再以牙刷仔細刷洗細微處。最後用乾淨的濕抹布擦拭即成。另外，記得瓦斯軟管每三年就必須更換一次！

烤架

烤食物之前，先在托盤上盛水，汙垢便不易附著。

烤架上容易沾黏各種食物與焦黑髒汙，事先在托盤上盛冷或熱水，汙垢就不容易附著。

此外，將鋁箔紙或報紙揉成球狀直接刷洗，也是很好的清洗方式，因為取得方便又能用完即丟，相當省事便利。

達人超效清潔術

1

2

清潔烤架

❶每次在烤食物之前，若能事先在托盤中盛上水或熱水，即使再頑強的汙垢也不容易附著。使用完畢後，將網架浸於水中，藉著托盤中的水清洗網架，就可保持潔淨，但切記浸泡時間不要太久。

❷先將烤架自烤箱中取出，把烤箱內側的焦炭擦拭乾淨。另外，以廚房用中性洗潔劑擦拭玻璃門的內側，再以抹布浸熱水後擰乾，仔細擦去洗潔劑，並將內部清理乾淨即可。

家事王小撇步

魚腥味去除法

烤箱中總會殘留烤魚時的焦味、魚腥味。在此，可利用家中的茶葉，趁著烤箱中尚有熱度時，於托盤中撒入一些茶葉（最好是用烘焙製的粗茶），利用烤箱中的餘溫讓茶葉散發出濃郁的香氣，如此就能去除烤箱中的惡臭。

start!!

步驟掃除法

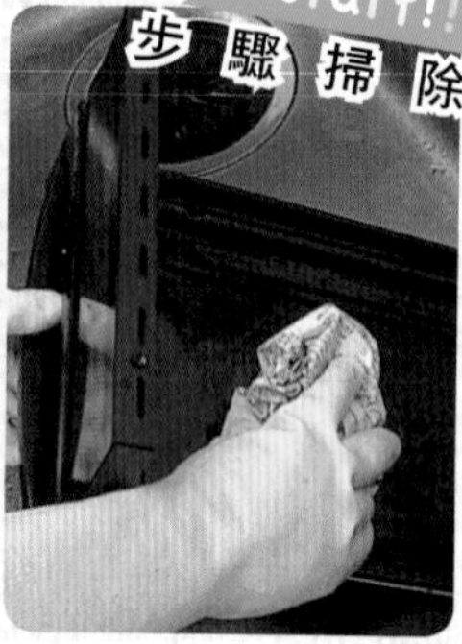

1

當油汙沾黏地相當嚴重時，將烤盤自烤箱中取出，利用報紙、抹布吸出油分後再拭去汙漬。而烤盤底部沾黏的油汙可噴上洗潔劑，並運用濕布法清除，然後再以抹布沾熱水擦拭一遍即可。

2

於烤盤中注入熱水，待汙垢溶解後，以棕刷沾取洗潔劑刷洗，再用清水徹底沖去洗潔劑，擦乾後就能裝回烤箱，以便下次使用。

Check

3

處理附著於烤網上的汙垢，可將鋁箔紙揉成一團，一根一根地擦拭，藉此達到去汙的效果。如果還是難以除去汙垢，可利用鋼絲絨球刷沾取洗潔劑清洗，然後再加水沖乾淨即可。

抽油煙機

難以清洗的油汙集中於水槽中清洗，很快就能乾乾淨淨。

對於清洗抽油煙機，是否曾有過不知從何下手的困擾呢？一旦抽油煙機滿是油汙時，不僅清洗工作十分費力，甚至也會導致抽風力減弱、抽油煙機故障與產生惡臭等。所以，定期清潔維護，相當重要。若有頑強油汙沾黏時，應將其拆下仔細清洗。若無法取下，也可利用濕布法來清除油汙，相當便利。不過一個月裡，若能養成清理抽油煙機一次以上的習慣，只要使用廚房洗潔劑就能輕鬆洗淨。

清潔溜溜小妙計

壁掛式抽風機的拆除法

若是希望省去請人打掃的清潔費，可自行拆除壁掛式抽風機清洗。事實上，照著左圖所示的步驟拆解，相當簡單。

① 拔掉插頭，旋轉扇葉中央的螺絲取下扇葉。

② 接著再旋轉螺絲，取下面板。

③ 最後將內部金屬框一併取下即可。

start!!

步驟掃除法

1

開始掃除工作前，先在抽油煙機下方**鋪上一層報紙**。拔掉插頭後依序取下過濾網、換氣罩。只要用螺絲起子**轉動換氣罩的螺絲**即可拆除。

Check

2

換氣罩拆下即可見到風扇，轉動中央的螺絲可取出風扇。由於內部金屬可能會刮傷手指，最好先戴上橡膠手套，再拆卸風扇。

3

為了避免拆下的螺絲及細小物品遺失，可將它們集中放置在排水濾器中，並和其他的物品一起浸泡清洗。但要注意別打翻了排水濾器。

步驟掃除法

4

將浸泡用洗潔劑倒入水槽之前，先用橡皮塞堵住排水口，或者可用比洞口稍大的盤子蓋住排水口，藉此蓄水。

5

鋪上一層大塑膠袋使其完全覆蓋水槽，再倒入將近40℃左右的熱水至水槽約一半的水量。待洗潔劑完全溶解後，放入過濾網、風扇、排水濾器浸泡。

6

浸泡約2~4小時，讓泡沫洗潔劑完全溶解油汙。由於抽油煙機的濾網中有許多細縫及溝槽，可利用棕刷輕輕地刷洗一遍，其實不須花費太多力氣就能清除汙垢。

7

Check

若要清除藏在抽油煙機風扇狹小溝槽內的油汙，**可利用舊牙刷深入溝槽內側**，輕易地刷出汙垢。最後仔細沖洗乾淨即可。另外，如果水槽中尚有多餘空位，也可以將瓦斯爐的托盤一起放入水中浸泡清洗。

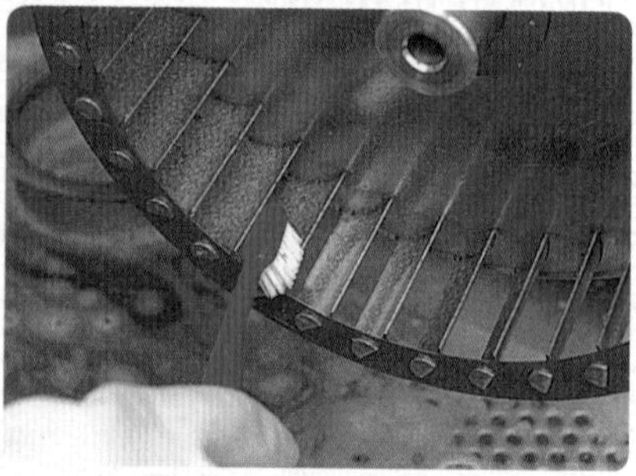

達人超效
清潔術

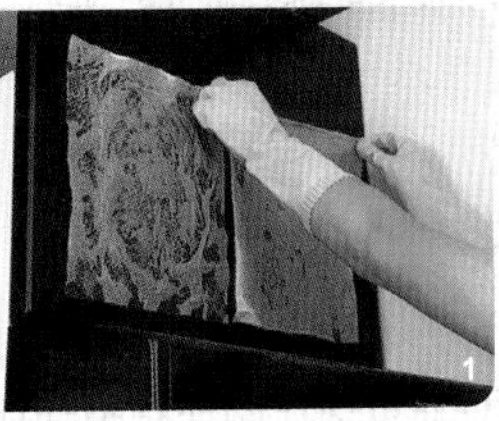

清潔抽油煙機外殼

❶利用浸泡的時間來清潔抽油煙機外殼，以及位於頂部的排氣罩等不能拆下的物件。排氣罩外殼先噴上強力洗潔劑並蓋上廚房紙巾，適時地運用濕布法清理。如果排氣罩外殼本身有上塗料的話，則改用廚房用的中性洗潔劑即可。

❷待其髒汙溶解後，利用覆蓋其上的廚房紙巾擦去汙垢。然後用擰乾的熱抹布擦拭一遍，再擦乾全體即可。

❸排氣罩內側的汙垢，可利用木片或衛生竹筷將附著的油漬刮除。而溝縫內的油汙則利用包在竹筷上沾有清潔劑的碎布來清除。此外，打掃時須注意別讓水氣及洗潔劑沾濕馬達，如此可能會造成故障。

達人訣竅

1.抽油煙機非常容易附著油汙，再加上灰塵累積，日積月累下，將會形成難以清除的汙垢。因此，最好每週一次用溫水擦拭抽油煙機的外側和油網。

2.麵粉能清除抽油煙機上的油汙，所以每個月應拆開抽油煙機，用麵粉仔細清除油汙，塗抹均勻。

水槽

s i n k

水槽四周

利用海綿及中性洗潔劑來清洗不鏽鋼流理臺，水槽壁就不會傷痕累累。

清洗不鏽鋼流理臺需使用不會刮傷表面的海綿。或者要丟掉淘汰的胡蘿蔔與白蘿蔔，可於其切面沾上清潔劑，不僅有磨亮效果，還有防刮作用。

此外，不鏽鋼材質製品，最怕含氯的漂白水，若將漂白水直接倒入不鏽鋼製的水槽，不僅會變色，也容易生鏽，故抹布使用漂白水後，一定要確實沖洗乾淨。

達人超效清潔術

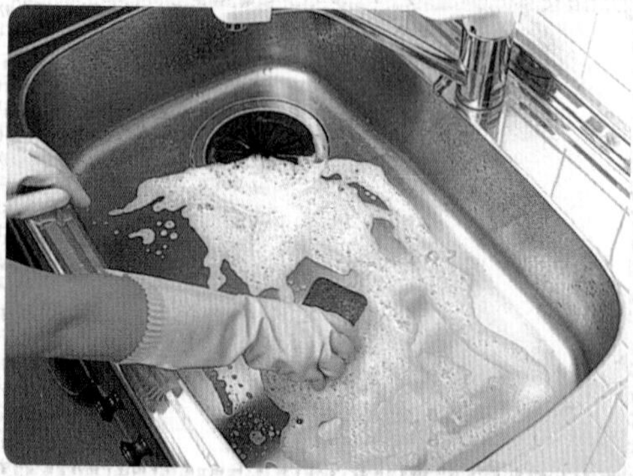

順著細紋橫擦

平時清洗完餐具後，就要用海綿沾取廚房中性洗潔劑將整個水槽擦洗一遍，順著不鏽鋼橫向的細紋左右橫擦，就不會傷及水槽表面。

清潔溜溜小妙計

市面上有一種類似鋼絲絨球刷的物品，不過它是由軟性纖維的材質所製，因此不會刮傷不鏽鋼水槽。如果覺得不安心，可將其套上絲襪來擦拭。

start!!

步驟掃除法

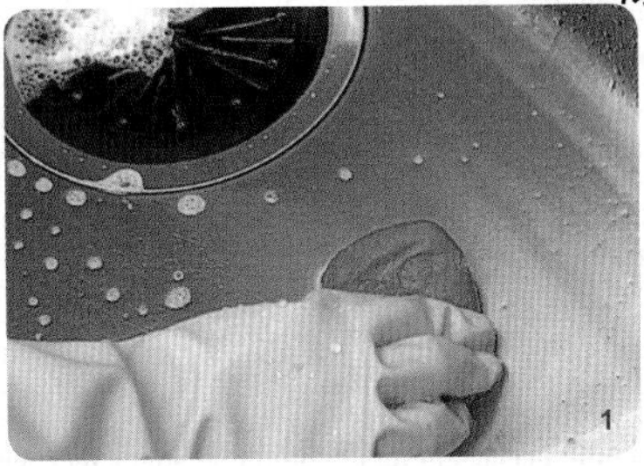

1 當水槽內的髒汙難以去除時，可將軟性的纖維絨放入絲襪的足踝部位作為刷洗工具。由於有一層絲襪的防護，故無須擔心會刮傷不鏽鋼表面。

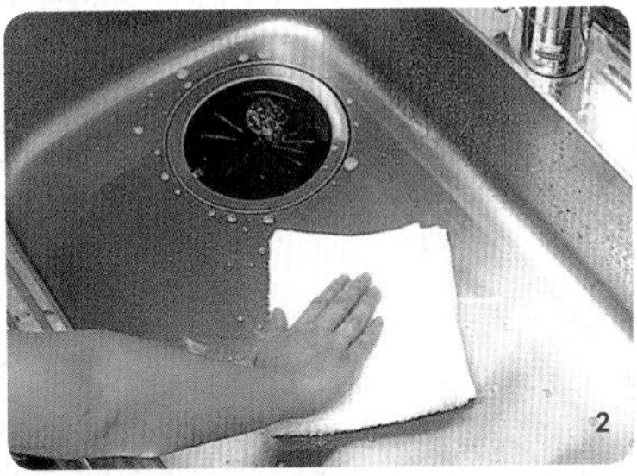

2 將洗潔劑沖洗乾淨後，記得用乾抹布擦乾才算完成。假使讓水滴殘留在槽內，不僅會產生水漬，也將變得霧濛濛，故確實擦乾是清洗水槽的竅門之一。

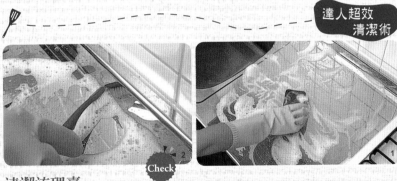

達人超效清潔術

Check

清潔流理臺

❶流理臺的清洗與水槽大致相同，也是利用海綿及中性洗潔劑清洗。如果是大理石材質的流理臺，且有發黑情形產生，也可採用與水槽相同的清洗法。不過，最後還要再上一層蠟，以防止汙垢沾黏。

❷若發現不鏽鋼流理臺上有一點一點的鏽斑，可用舊牙刷沾牙膏或去汙劑將鏽斑磨除。若還是無法去除，則以還原型漂白劑加入60~70℃的熱水攪拌成糊狀塗於鏽斑上，放置約30分鐘後即可拭除鏽斑。

水龍頭

用乾毛巾沾適量牙膏，以畫圓的方式輕輕刷洗，能讓水龍頭光亮如新。

若是放任水龍頭的髒汙堆積，其汙垢會使水龍頭表面呈現白灰斑跡，難以擦洗乾淨。事實上，只要利用牙膏內含的研磨劑，就能快速清除水垢。

步驟掃除法

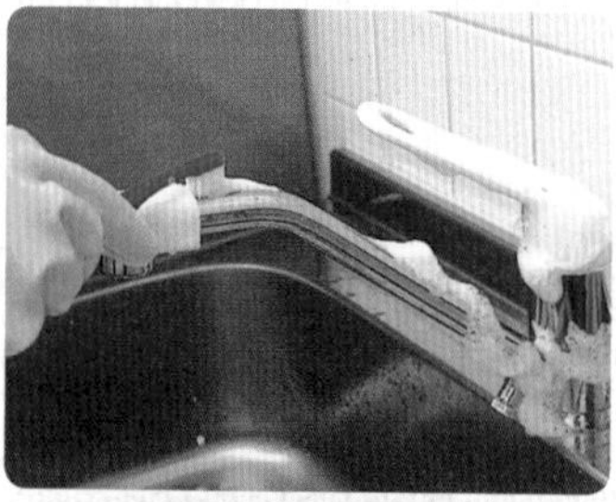

1

水龍頭上的水垢可利用舊牙刷**沾取牙膏或去汙劑**來刷除汙垢及改善霧濛濛的情形。而易殘留水漬的**水龍頭底座**、**把手周圍**及**內側**都必須仔細地清潔乾淨。

Check

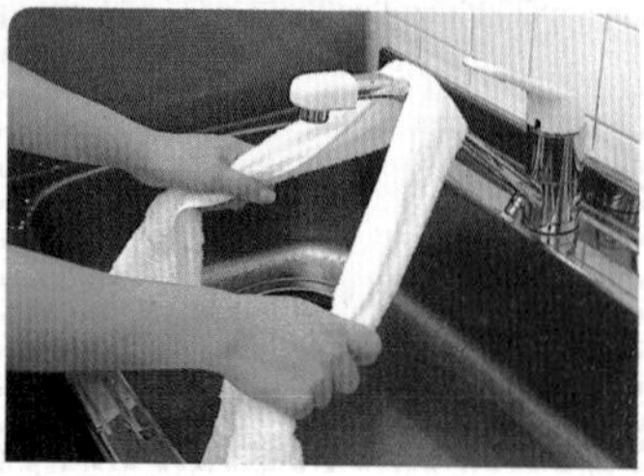

2

將洗潔劑完全沖乾淨後，記得將水滴完全拭淨以免殘留水漬，才算是大功告成。利用擦皮鞋的要領以乾抹布左右擦拭，水龍頭將會變得閃亮耀眼。

3

水龍頭底座等很難擦拭到的地方，只要將抹布交叉圍繞左右磨擦，就能輕易拭淨。平常只要擦乾即可。這樣一來，水龍頭及水槽看起來會明亮許多。

scupper

排水口

排水口

抑制排水口的惡臭有賴於平時勤奮地清洗。

若想徹底防止排水口阻塞及惡臭產生，就必須於用餐後清洗碗盤時，將蓋子順便打開加以清理。其實，只要每天利用尚未倒掉的洗碗水配合海綿將汙漬擦拭乾淨即可。而排水濾器則必須時常放置於太陽下曝晒，以消毒殺菌。如果髒汙十分嚴重，應視情況而使用去汙劑、漂白水或強力洗潔劑來清洗。居家環境的衛生有賴於平時的用心打掃。

start!!

步驟掃除法

1

排水濾器可利用舊牙刷沾去汙劑刷洗，然後用水沖洗乾淨。若家中有使用三角濾架的習慣，也可用同樣的步驟清洗。

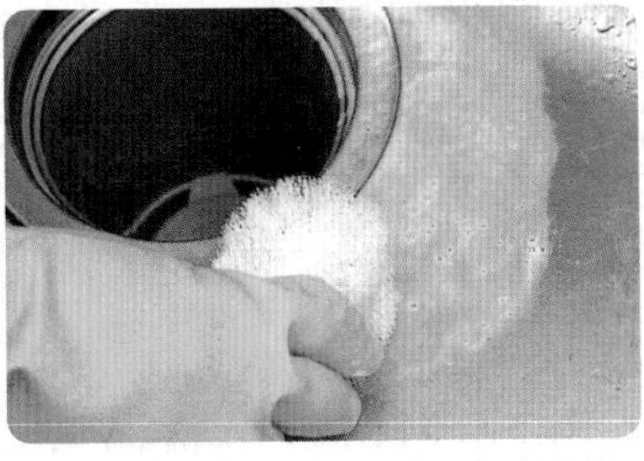

2

Check

排水口附近及內側因容易殘留水垢及油垢，故若用廚房專用洗潔劑清洗還是無法去除時，可利用尼龍刷沾取去汙劑刷洗一番，再以清水沖洗乾淨即可。

3

附著於排水管上的油汙，可利用牙刷去除。千萬不能將黏糊的油汙直接沖入水管中，而是先用抹布吸取油汙，以免阻塞水管。此外，手搆不到的深處，可將牙刷尾部綁上竹筷，以延長牙刷長度，如此就能方便清洗。

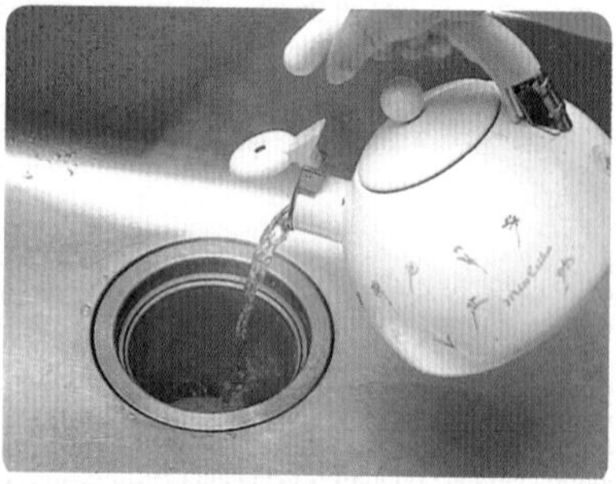

4

清洗完碗筷及水槽後，直接將熱水注入排水口，可防止阻塞，還具有消毒作用。另外也可注入熱水瓶中剩餘的熱水，或是煮義大利麵、燙青菜時的湯汁，同樣具有消毒功效。

達人超效清潔術

浸泡洗滌法

若排水濾器或三角濾架底部的黑色斑點難以清除，可運用浸泡洗滌法。在塑膠袋中注入水後加入定量的氧化系漂白劑，並將濾器浸泡其中。將塑膠袋口綁緊，置於水槽的角落。放置一會兒後，再將髒汙清除乾淨。值得注意的是，塑膠製品可使用氯化系漂白水，但若用於金屬性製品則會造成生鏽，因此金屬製品宜用洗潔劑浸泡為佳。

達人訣竅

1.在排水口的髒汙尚未堆積之前，就要勤加清理。

2.將帶皮洋蔥放入清水煮沸，取出洋蔥，待湯汁冷卻後，用海綿沾濕，清理排水口即可。由於洋蔥含有分解油漬的成分，故可清除汙漬。且其湯汁也能清潔廚餘容器，效果極佳。

清潔溜溜小妙計

廚房除臭妙招

廚房的惡臭通常來自三角濾架、排水口、放置廚餘的垃圾桶。雖然每次使用後都已徹底清洗，但還是無法完全除臭。在此介紹幾種除臭方法，其中也包括如何抑止垃圾的惡臭殘留於濾器裡。並且，應養成大約一個月要清理排水口1~2次的習慣，可用水管專用的洗潔劑清洗，如此不但可防止阻塞還兼具除臭功能！而滴幾滴醋於三角濾架中的廚餘菜渣裡或是撒上茶葉渣，可防止臭味四溢。另外，清除三角濾架中的垃圾後，用檸檬切片擦拭濾架內外，不僅可除去黏滑的汙垢，還會散發淡淡的檸檬香。

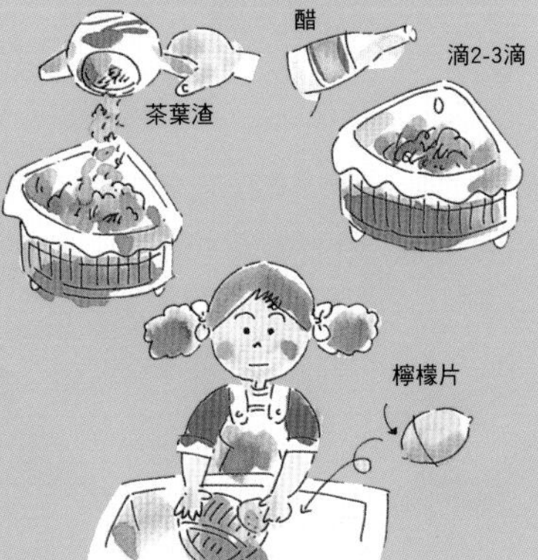

家事王 小撇步

橘子皮妙用法

經常聽到的除臭法是使用乾燥的咖啡渣，或是茶葉渣來除臭。但橘子皮其實也能消除廚房的惱人臭味，只要將陰乾的橘子皮放到烤網上烘烤，完成後放到欲除臭之處，利用橘子散發出來的芳香便能消除異味。

under the sink

水槽下方

水槽下方廚櫃

清潔工作完成後，塗上酒精徹底消毒殺菌。

水槽下方因排水管的緣故，不但濕度高，而且容易產生臭味。為了防止此處成為蟑螂的巢穴，至少每個月要將放置物通通取出一次，從頭到尾地清潔一遍，再噴上消毒酒精，徹底殺菌消毒以杜絕惡臭。另外，當天氣晴朗時，應將櫥櫃門打開使其通風，濕度才不至於過高。櫥櫃外側可利用家用洗潔劑擦拭，而容易沾黏手垢的把手也要仔細擦拭乾淨為佳。

start!!

步驟掃除法

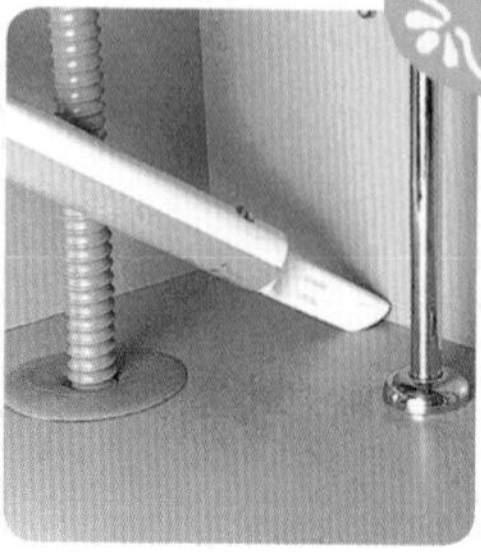

1

將放置物品全部取出後，用吸塵器吸取灰塵及髒屑。而囤積於角落的灰塵、排水管四周的塵屑，則可利用細縫管嘴來吸取。

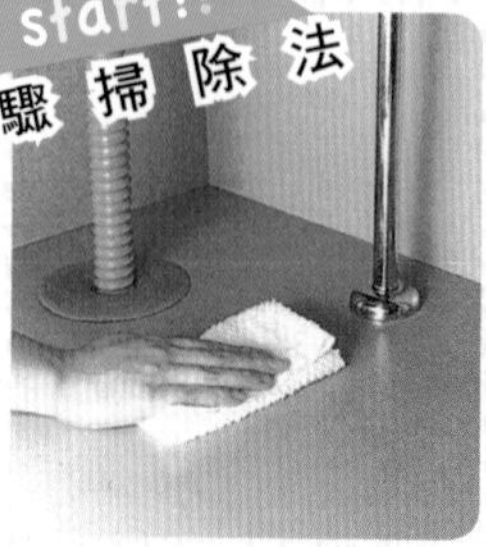

2

用抹布沾取廚房用中性洗潔劑，擰乾後擦拭汙漬。接著再以抹布沾取熱水，擰乾後擦掉洗潔劑即可。

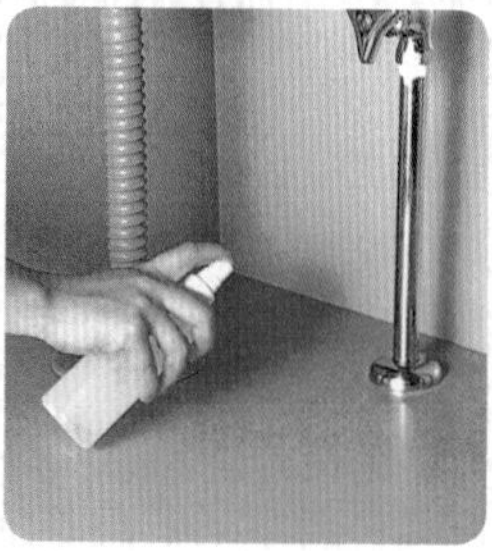

3

接著，用藥局販賣的消毒用酒精浸濕抹布，將內部整體擦拭一遍，或者用噴霧器噴灑內部四周。如此不僅可殺菌，還能除臭，具有雙重功效。

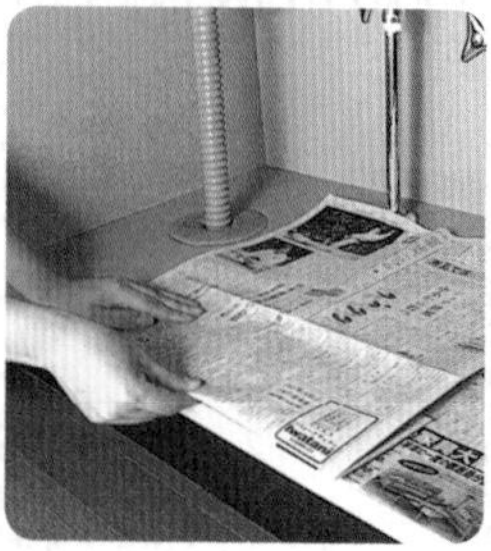

4

清潔完畢後，將門扇打開一會兒，晾乾並保持通風。夏天濕氣較重，最好常常將櫥櫃門敞開，利用電風扇流通內部空氣。

餐具櫃

利用電器專用的抹布清潔每一個部分。

取用或收納餐具時，便是順手清潔餐具櫃的好時機。舉例來說，只要用乾抹布擦拭一下原本擺放餐具的地方，就能防止灰塵累積。

另外，櫥櫃的外側和把手部分，用擰乾的抹布擦拭即可。而木製餐櫃則可利用紅茶液來清理，甚至也可使用具有去除髒汙與除菌效果的橘子皮煮汁來清潔，效果都非常好。

步驟掃除法

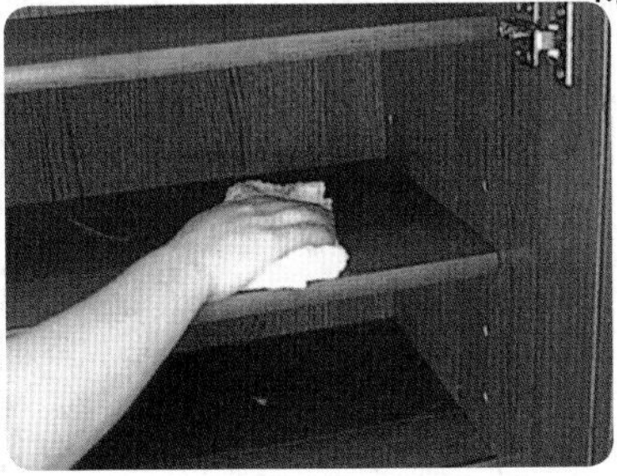

1 首先將放置在櫥櫃中的物品全部取出。如果沒有明顯髒汙，只須用熱抹布擦拭即可。倘若使用洗潔劑，將會使櫥櫃產生臭味。而將浸過熱水的抹布擰乾來擦拭餐具櫃，不僅容易清除汙垢，水分也較易蒸發。

2 餐具櫃外殼若為木製材質，則必須乾拭。如果有嚴重的髒汙，則以抹布浸濕家用洗潔劑稀釋液，擰乾後再拭去汙垢。另外，沾有手垢的把手也必須拆下清潔。

wood flooring

地板

達人訣竅

如果家中的地板為油布或塑膠材質，可用馬鈴薯煮汁來刷洗，擦拭地板後，即可恢復光亮。

油布地板

依材質不同而有不一樣的掃除法，教你如何與廚房油汙大對抗。

瓦斯爐及流理臺附近的地板總是濺滿油漬、調味料，看起來特別髒。若是放任不理，將容易導致地板變色，壽命變短。因此，平時烹調料理後，就必須盡快用熱水拭淨，如此汙垢才不會累積到難以清洗的程度。不過，地板的清潔法依地板材質的不同而有所差異。像是塑膠地板、油布地板可用水洗，而未塗漆的原木地板則嚴禁濕擦，只能用乾拭法。如果地板有明顯髒汙時，則用抹布沾水濕擦汙處即可。

start!!

步驟掃除法

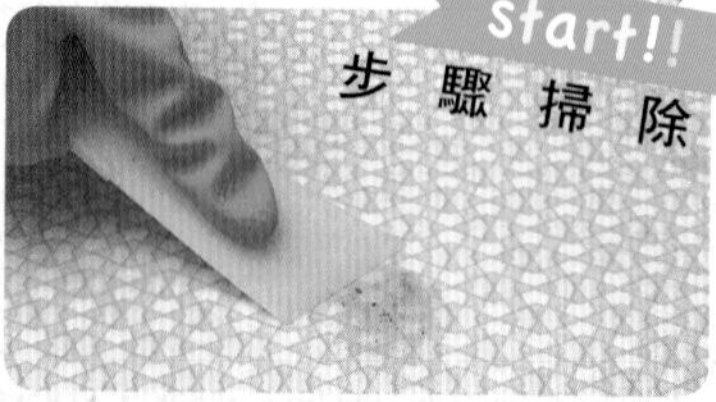

1 廚房地板若屬油布地板，可用吸塵器先將髒汙、塵屑吸除，再用熱水浸濕抹布後擰乾擦拭一遍。至於附著在地板上的汙漬，可用塑膠製的刮刀刮除。

2 將抹布沾取家用洗潔劑或廚房用中性洗潔劑，由外向內擦拭。若有嚴重髒汙時，可先將洗潔劑塗抹於汙處，待髒汙溶解後，再擦拭乾淨即可。

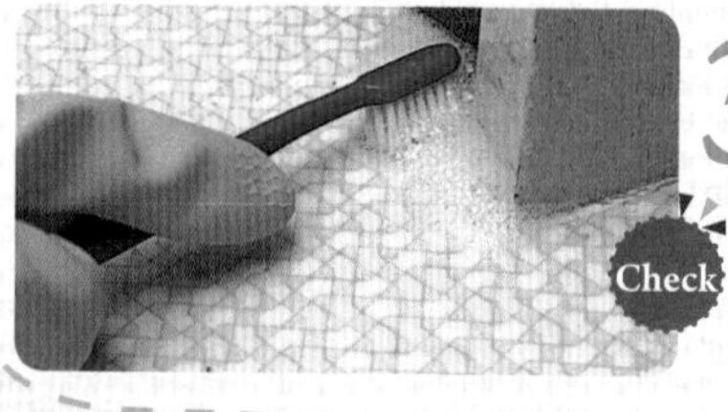

3 附著於凹槽或角落的髒汙，可用舊牙刷將其刷除，然後仔細地用熱抹布擦拭一遍。等地板完全乾了以後，再上一層水性蠟，將能減低往後清潔工作的分量。

達人超效
清潔術

清潔木質地板

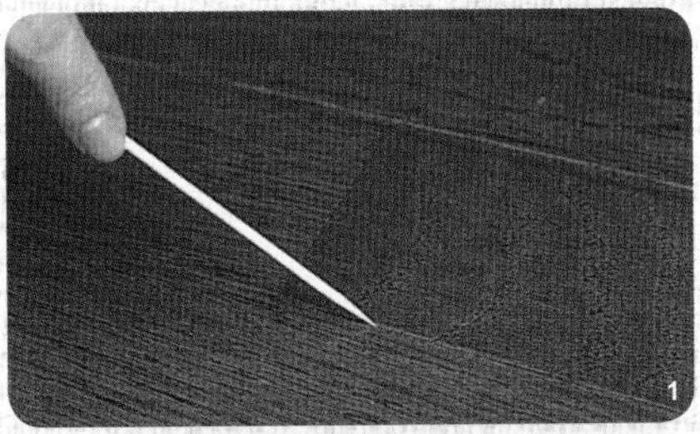

1

❶木質地板的溝槽容易積留灰塵及汙屑，故在使用吸塵器清潔地板前，建議先用竹籤將溝縫中的塵屑剔出會更容易清掃。

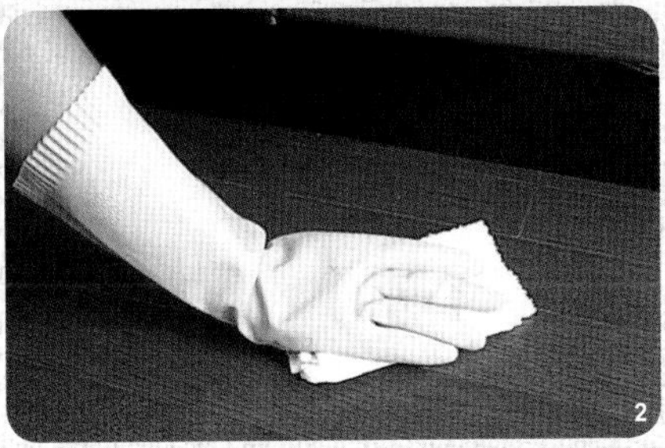

2

❷當地板出現明顯髒汙時，可利用稀釋的家用洗潔劑或廚房洗潔劑將抹布沾濕擰乾，再擦拭汙垢。最後以熱水擦拭一遍並擦乾。記得定期為地板上蠟，其好處是可延長地板壽命，還能防止地板累積灰塵。

清潔溜溜小妙計

汙漬清除法

不小心灑落的牛奶或油汁讓人十分苦惱！建議讀者們用抹布擦拭前，先進行以下步驟，不但能淡化汙漬顏色，清理起來也會輕鬆許多。首先，可在灑落的油汙上潑撒麵粉，用手搓揉使其吸取油分，並將變成糊狀的麵粉清掉後，再擦拭乾淨。此外，當雞蛋掉落地板時，可以撒上鹽巴使其凝固，再用紙巾拭去。而灑落一地的牛奶，則可用乾海綿將水分吸乾後再進行擦拭。同時也要記得將使用過的海綿清洗乾淨。

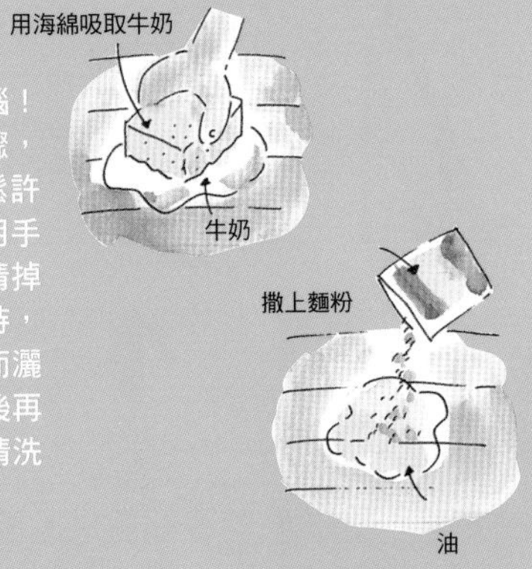

wall

牆壁

廚房牆壁

以階段性汙垢掃除法，就能輕輕鬆鬆清理乾淨。

瓦斯爐四周的壁面總是濺得到處都是油漬，讓人十分苦惱！事實上，當牆壁出現沾黏汙垢的情形時，馬上用熱水擦拭就能清除。另外，如果廚房有使用壁紙，因其無法沾水濕擦，故事先貼上一層防油清潔布，可避免油漬累積。此外，水槽周圍的壁面可貼上防水罩布，以有效水垢或油垢沾黏。

start!!

步驟掃除法

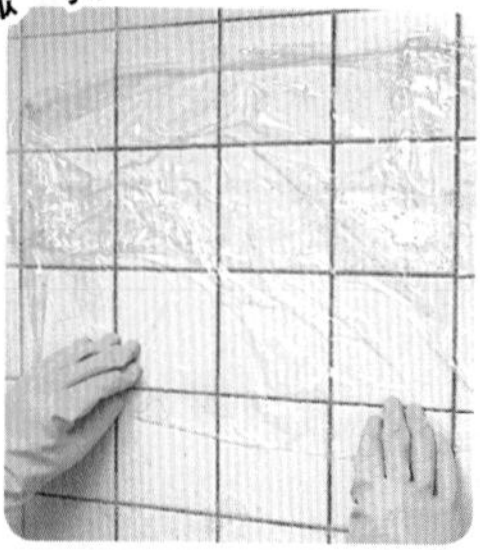

1

一般髒汙可利用廚房中性洗潔劑或家用洗潔劑來清洗。而特別頑強的汙垢則運用濕布法，方法是在汙處先噴上強力洗潔劑，再貼上保鮮膜溶化汙漬。

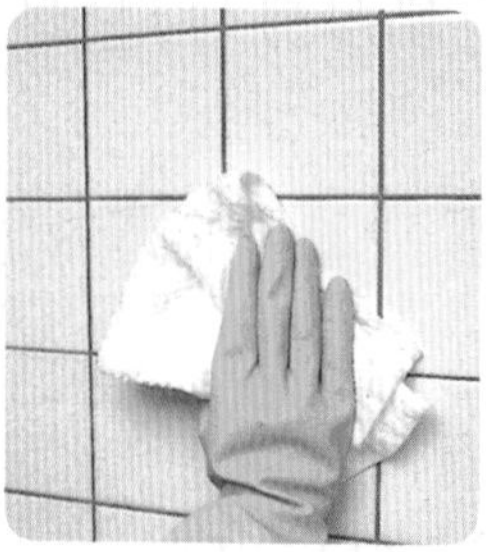

2

接著，利用抹布沾取廚房中性洗潔劑，擰乾後擦拭汙漬。之後再以抹布沾取熱水，擰乾後將牆壁上的洗潔劑擦拭乾淨即可。

3

至於磁磚細縫內之汙垢，只須利用舊牙刷沾取洗潔液輕輕刷洗，待髒汙清除後，再用擰乾的熱抹布擦拭乾淨即可。

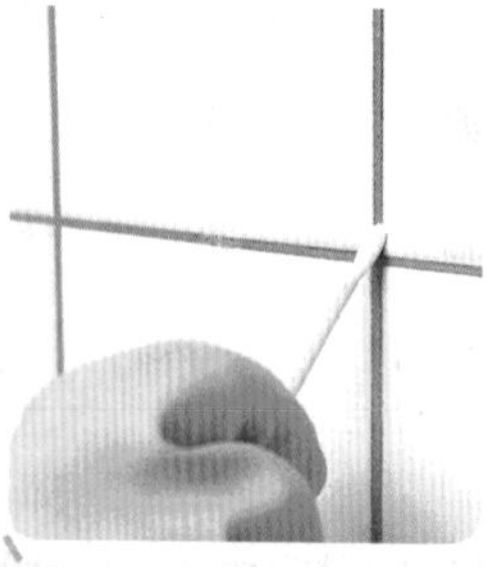

4

如果用舊牙刷還是無法消除汙垢，可拿棉花棒沾氯化漂白水稀釋液擦拭汙處。須注意清潔時，別和其他洗潔劑混在一起，以免效果打折。

達人超效清潔術

lamps

燈具

廚房照明燈

易沾油汙的廚房照明燈若能定期清洗，還可節省電費！

如果不想浪費電費，建議每3至4個月清洗燈具一次。基於安全考量，記得先關掉電源，拔掉插頭之後，再開始清潔工作。此外，日光燈若有焦黑情形，也應儘早替換新的燈管為佳。

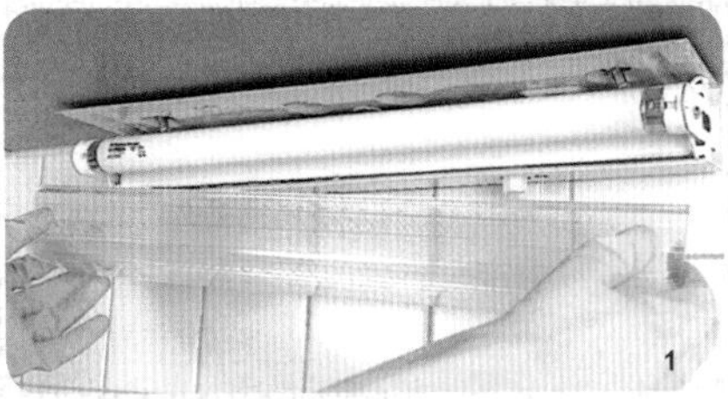

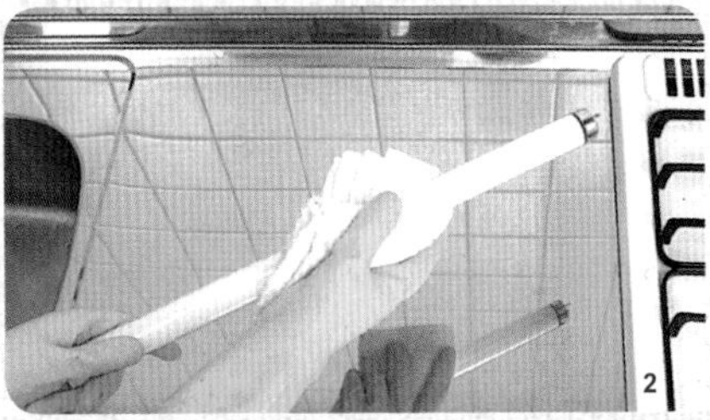

油汙的廚房照明

❶步驟為關閉電源、卸下燈罩、取下燈管。若燈罩為塑膠材質，可用廚房中性洗潔劑刷洗一遍。而燈座本身則可以抹布沾取洗潔劑後，擰乾再擦拭。

❷燈管則是利用抹布沾取廚房中性洗潔劑的稀釋液擦拭，再用清水拭淨、擦乾水分。此外，須注意燈管應確實風乾後才可裝回燈座，否則會發生漏電情形，十分危險。

清潔溜溜小妙計

節省電費清潔法

你知道嗎？如果長達一年沒有清洗燈具，附著於廚房燈具上的油汙將會降低40％左右的照明亮度！

牆壁開關四周的汙垢，可利用消毒酒精拭除。若配合棉花棒使用，更能有效清潔細縫與死角。

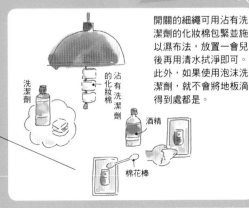

開關的細繩可用沾有洗潔劑的化妝棉包緊並施以濕布法，放置一會兒後再用清水拭淨即可。此外，如果使用泡沫洗潔劑，就不會將地板滴得到處都是。

window

窗戶

達人訣竅

窗框、毛玻璃等凹凸不平的部分可利用舊牙刷仔細地刷洗乾淨。窗臺軌道則利用洗潔劑刷洗，之後用乾淨的濕抹布拭淨洗潔劑並擦乾即可。

廚房窗戶

平時應經常用熱水擦拭，針對頑強汙垢則以濕布法處理。

廚房窗戶的髒汙經常夾雜著油漬及灰塵。與其用玻璃洗潔劑清理，還不如利用廚房洗潔劑或家用洗潔劑清潔，效果會更好。若遇上頑強汙垢，也可運用與牆壁同樣的處理法——濕布法，將可輕鬆去除汙垢。其實平時就可經常使用熱水擦拭，較不會附著頑垢，故平日的清掃工作便顯得十分重要。

start!! 步驟掃除法

1

清理廚房窗戶的竅門是要經常以抹布沾濕熱水，擰乾後再擦拭。若能常常清潔，大掃除時就不必太花心力。此外，天氣微陰、濕氣較重的日子，因能延長清潔劑的溶汙時間，故此時非常適宜清理窗戶！

2

窗戶上的嚴重髒汙須以濕布法處理。首先用抹布擦拭一遍後，噴上家用洗潔劑再貼上保鮮膜即可。另外，事先最好在窗臺軌道上鋪一層毛巾，以防洗潔劑沾染。

3

待汙垢溶解後再利用剛貼上的保鮮膜擦去汙垢，接著用乾淨的濕抹布拭淨，待水分完全擦乾即大功告成。之後可利用吸水性強的報紙將玻璃擦得光亮如新。

electric appliance

廚房電器

電冰箱

廚房電器故障通常是放任髒汙蔓延的緣故，故平時的維護保養顯得十分重要。

廚房中除了電冰箱以外，尚有微波爐、烤箱、電子鍋、果菜汁機等家電。由於電器對於塵垢十分敏感，因此在使用之餘必須按時清理。應趁著家電尚未病入膏肓，盡快進行一次大掃除。由於廚房電器通常會直接與食物接觸，所以打掃時須留心，千萬不要殘留洗潔劑在上面。另外，基於安全考量，清潔之前別忘記拔掉插頭，以下先介紹電冰箱的清潔方法！

start!!

步驟掃除法

1

先拔掉插頭，將冰箱中的區隔架如置蛋盒、製冰器等可卸除的零件通通取下，並拿出冰箱中的食物，集中放置在陰涼處。

2

先用熱水擦拭冰箱內部一遍。若有附著的汙垢，可利用沾有中性洗潔劑稀釋液的抹布將其擦去，並再次用熱水拭淨洗潔劑。最後以抹布沾消毒酒精擦拭整個內部。

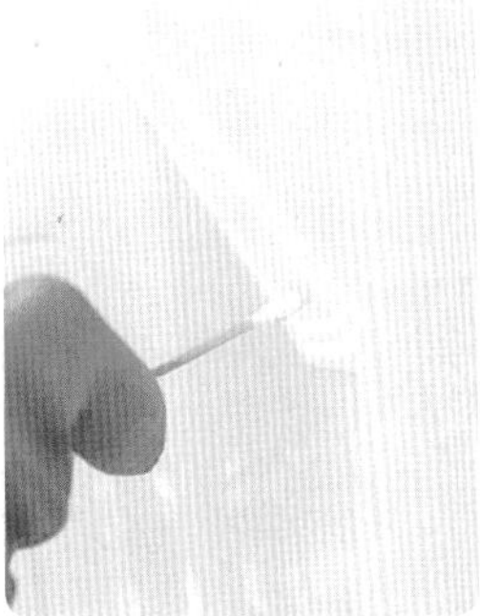

3

冰箱門以熱抹布由上而下擦拭，接著用洗潔劑擦拭汙垢，再以擰乾的熱抹布拭淨。而細微部分用棉花棒清潔即可。

start!! 步驟掃除法

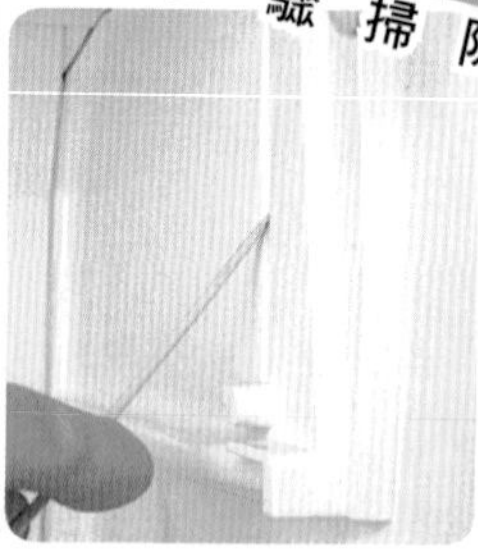

4

積存於溝縫中的食物渣滓、塵垢，可用竹籤將其剔出，並同時用抹布將竹籤上的汙垢擦除，才能避免汙漬二次沾黏。

5

冷凍庫中若出現結霜的情況，應於掃除前取出內容物，並按下開關開始除霜。若冷凍庫中沒有除霜裝置，可用抹布沾熱水覆蓋於霜上使其溶化。

6

附著在冷凍庫內的冰塊可利用塑膠刀刮除。如果想迅速除霜使冰塊溶化，建議噴灑消毒酒精，其效果相當不錯！

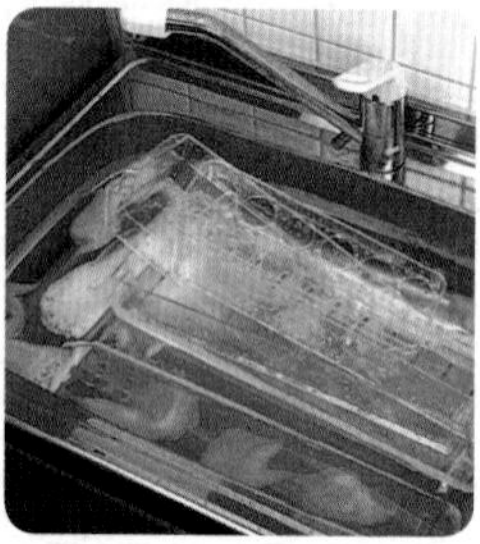

7

將一開始就取下的區隔架、蛋架等組件浸泡於廚房中性洗潔劑的稀釋液中。如果組件上的頑垢難以清除，只要在汙垢上塗抹廚房用漂白水的稀釋液即可輕易去

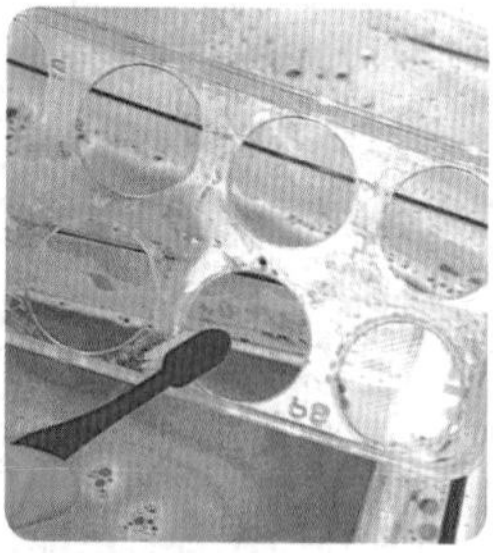

8

可將蛋架浸泡約30分鐘，待汙垢溶解後，利用海綿去除汙垢。而組件死角的細微處，可使用舊牙刷輕鬆刷掉汙漬。最後再以清水沖洗乾淨，待其完全乾後再裝回冰箱即可。

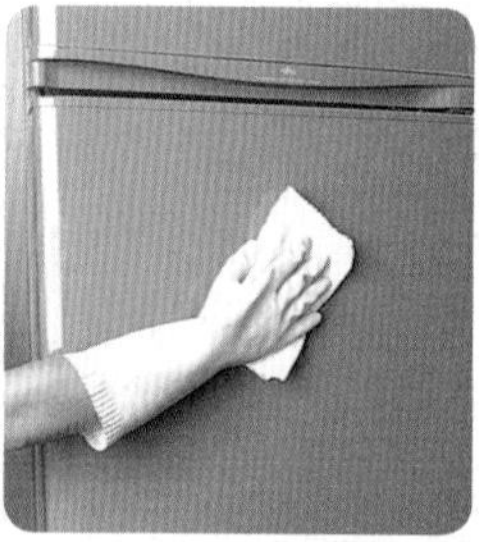

9

冰箱外殼可利用沾有中性洗潔劑稀釋液的抹布擦拭一遍，再以熱抹布拭淨，最後擦乾水分即可。而冰箱門下方因容易沾染食物汁液，故要擦拭乾淨。

Start!! 步驟掃除法

10

最常被人忽略的冰箱上方，其實是油汙灰塵最易聚集之處。若難以清除，可運用濕布法，先濕擦以溶解油汙，最後再將其拭去。而冰箱背面的灰塵可利用吸塵器除去。

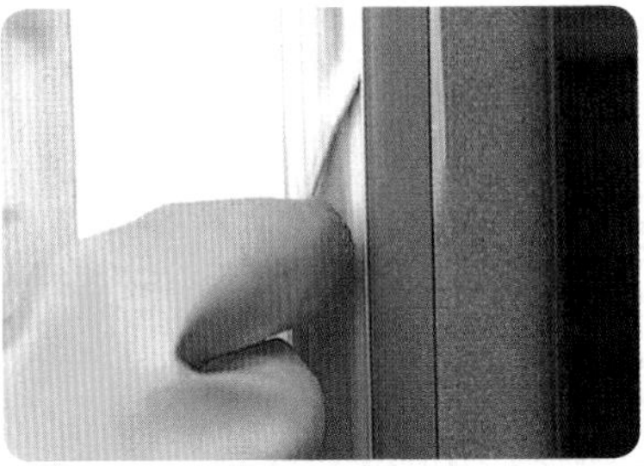

11

冰箱門塑膠圈墊上的汙漬、黑斑，可用棉花棒沾消毒用酒精沿著門緣、細縫擦拭乾淨，或可拿漂白水稀釋液來取代消毒酒精。但清理後記得用濕抹布徹底拭淨較好。

家事王小撇步

如何使用消毒用酒精？

由於廚房家電會直接與食物接觸，因此進行清潔工作時，必須留心洗潔劑的使用情形。建議可充分利用治療傷口的消毒酒精。一般家庭急救箱中都會有，它除了有消毒殺菌的效果外，亦是除臭、去汙的法寶！

其用法如下：先以乾淨的濕抹布拭淨廚房家電，再以乾淨的布沾消毒酒精擦拭，由於酒精具有揮發性，所以不需要擦乾。而若將酒精裝入噴霧器內，使用起來會更加方便。

微波爐

竅門在於使用洗潔劑清潔前，掌握「能清除的汙垢就先處理」的原則。

如果沒有經常清理微波爐內部，會降低其加熱品質，同時也會產生火花或冒煙等危險，若想延長微波爐壽命，應養成使用後，以熱水擦拭一遍的習慣。至於頑強汙垢，則可利用廚房中性洗潔劑或專用洗潔劑來清除汙垢。如果洗潔劑殘留內部，加熱後將會化為氣體附於食物上，不利於健康，故應確實用熱抹布拭淨。此外，清潔時須留意，勿讓水或洗潔劑滴到發熱器上。

達人超效清潔術

清潔微波爐

❶微波爐使用後，將可拆卸的附屬品，如旋轉盤等取下，以熱抹布快速將微波爐擦拭一遍。而拆下的旋轉盤則以廚房中性洗潔劑清洗乾淨，待其完全擦乾、晾乾後再裝回微波爐即可。如果每次都能勤加清理，便能降低故障機會。

❷平時要經常用抹布沾取廚房洗潔劑擦拭微波爐外殼，接著再用熱抹布擦拭一遍，並拭乾水分。如果出現臭味時，可使用消毒酒精來以消除異味。

start!!

步驟掃除法

1 Check

如果微波爐特別髒，可在微波爐專用的**容器內裝一些水**，無須包上保鮮膜，直接**放入微波爐中加熱2~3分鐘**。藉由內部的水蒸氣溶解髒汙，以便於後續的清除。

2

由於水蒸氣已將汙垢溶解，故可取出微波爐專用容器，拔掉電源插頭，將旋轉盤等附屬品取下後，可利用衛生筷或木片刮除微波爐內部汙垢。

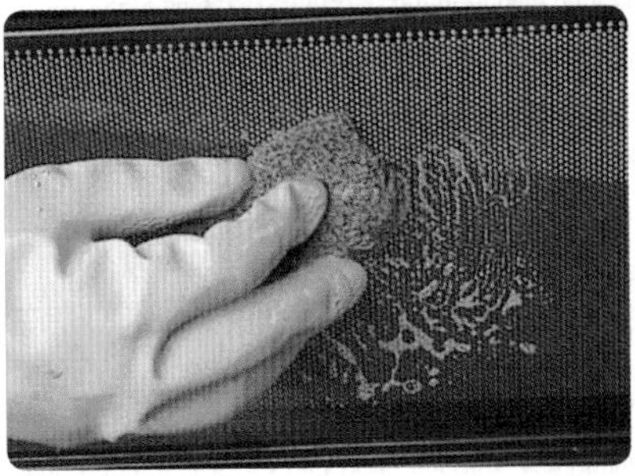

3

可利用海綿沾取廚房中性洗潔劑，來擦拭玻璃門內側的湯汁、油漬。如果還是無法清除髒汙，可用沾有洗潔劑的菜瓜布以畫圓方式輕輕擦拭，如此將會出現成效。

4

清除汙垢後，用熱抹布將機器反覆擦拭幾遍，避免洗潔劑殘留內部。並記得門的四周也要擦乾淨。最後拭乾水分，風乾即可。

電子鍋、熱水瓶

外殼的水漬、手垢，可用消毒酒精來擦拭。

廚房電器中使用頻率最高者，就屬電子鍋、熱水瓶！而這兩樣電器外殼總會沾滿水漬及手垢，故建議每天清潔一次。此外，電子鍋內側出現焦黃的情況，乃是因為水漬的殘留而引起。不過這些燒焦的汙垢很容易造成加熱不均勻，故將內鍋裝回電子鍋時，必須先把內鍋底部的水滴拭乾。

至於熱水瓶內部的白色粉狀物，是煮沸水水中的碳酸鈣囤積而成，在清潔時加些醋可幫助清洗，因醋有分解鈣的作用，能有效清除附著在熱水瓶的碳酸鈣。

1

取出電子鍋中的內鍋，以廚房中性洗潔劑清理乾淨後，再以擰乾的抹布擦乾電子鍋內部。此外，蓋子內的溝槽部分最易暗藏水垢，必須仔細擦拭。

2

電子鍋外部的汙垢則採取和熱水瓶（詳見107頁）相同的清潔方式，利用消毒酒精拭除汙垢。而把手開關附近的髒汙、手垢也要一併清除。此外，蒸氣噴嘴部分，建議用包著廚房紙巾的竹籤剔除汙垢會較乾淨。

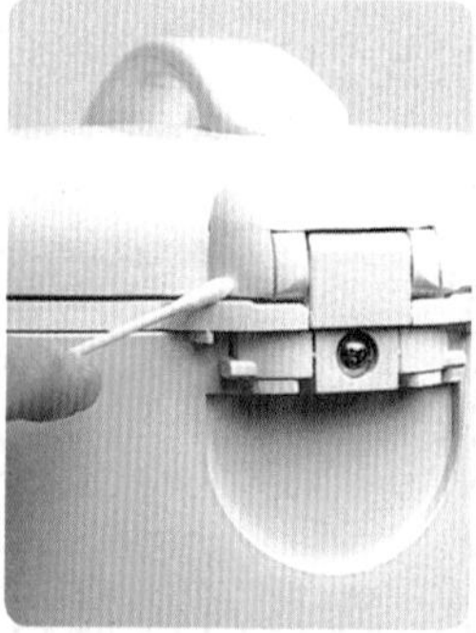

3

開關四周較細微複雜的部分，最好利用棉花棒沾取消毒用酒精來擦拭，較為方便省事。而電子鍋背面的鍋蓋支軸最易殘留水滴，因此每天使用完畢後，記得仔細清洗，細縫處則以棉花棒來清理。

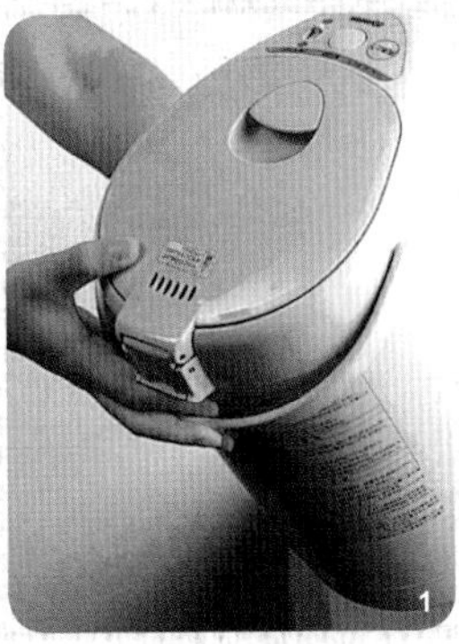

1

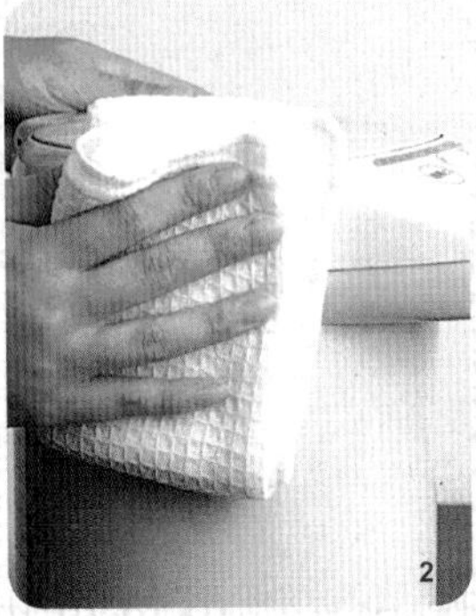

2

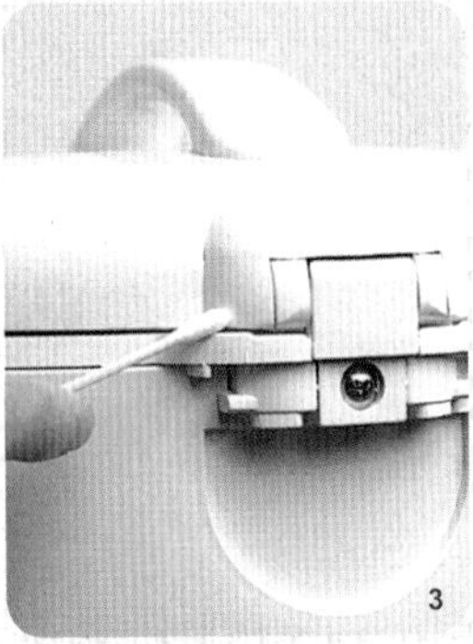

3

清潔熱水瓶

❶建議讀者可以在熱水瓶中滴入2至3滴的食用醋搖晃去除熱水瓶內部的白色粉狀物，然後按下開關使瓶內的水再沸騰一次。當水煮沸後拔掉插頭，待瓶內的水變冷後，用海綿刷洗一遍。之後加水充分清洗，直到不再出現食用醋的味道即可。

❷熱水瓶外殼附著的手垢、汙漬，可利用擰乾的抹布沾取消毒用酒精擦拭乾淨。針對容易藏汙納垢的把手部分（內側）更要仔細清潔。此外，必須注意熱水瓶的開關部分，千萬不能有水氣入侵。

❸出水口附近其實也是水垢最喜歡藏身的處所。此處的汙垢不能使用洗潔劑來擦拭，必須利用乾淨抹布或是棉花棒來沾取消毒酒精仔細拭淨。

烤麵包機

注意不要積留油汙及烤焦物，因為食物將會直接接觸到烤麵包機的內部。

烤麵包機的網架、底盤最易殘留麵包屑、食物渣滓之類的汙垢，因此必須仔細認真清理。如果放任汙垢持續累積，不僅會產生臭味、孳生黴菌，同時也是導致食物腐壞的原因。而發熱燈管或反射板一旦出現髒汙時，將導熱效果減弱，吐司麵包也就無法均勻烤熱，甚至會有烤焦的情形。如果你家每天都會使用到烤麵包機，則至少每週定期清除機器內的汙屑、渣滓。而內部四周及玻璃門，平時就得用熱抹布拭淨，才能維持烤麵包機的乾淨。

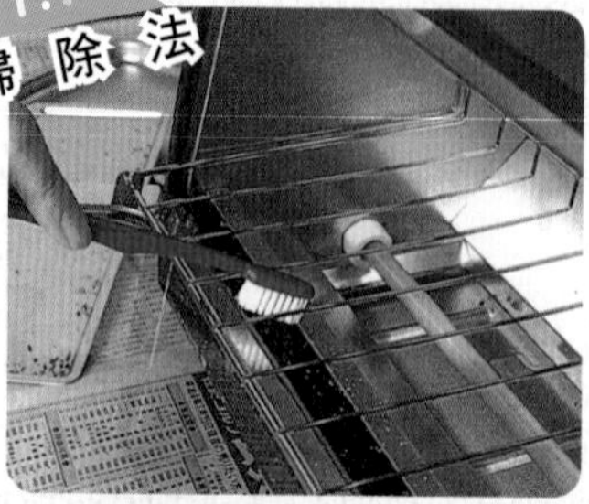

1

若要避免汙垢弄髒桌面，在開始清掃前記得先在烤麵包機下鋪上一層舊報紙，並將電線事先用橡皮筋捲好束緊。如果網架無法拆下，建議利用舊牙刷將乾燥的汙屑刷乾淨。

2

將底盤取出，清除底盤中的渣滓、汙屑。先用衛生竹筷或木片將烤焦的黑色焦炭物刮除，再將底盤浸泡於廚房用中性洗潔劑裡，過一會再刷洗乾淨。

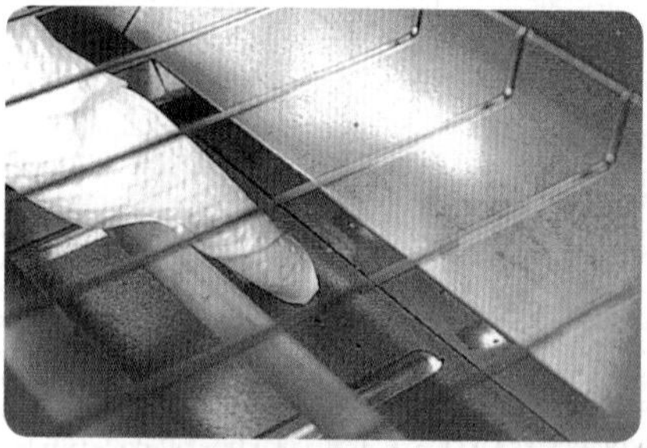

3

基本上機器內部是以廚房用中性洗潔劑來清洗。如果是網架不能拆下的烤麵包機，則利用浸過洗潔劑的餐巾紙包在衛生筷外，以擦拭內部，然後用同樣的方法沾清水拭淨，再擦乾即可。

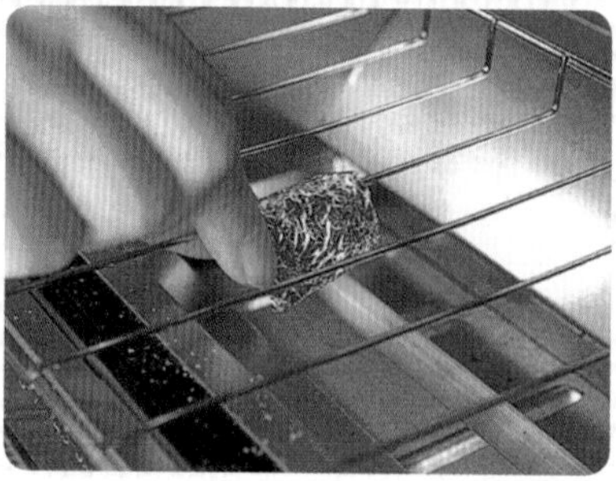

4

網架上沾黏的汙垢，可以利用揉成一團的鋁箔紙，一根一根地刷除汙垢，如果網架可以取下，則將其浸於廚房用中性洗潔劑中，等到髒汙溶解後，再以舊牙刷刷乾淨即可。

start!!

步驟掃除法

5

Check

烤麵包機外部，必須**用抹布沾消毒用酒精來拭淨**，而把手部分及開關四周可以利用棉花棒仔細擦除汙垢。頑強髒汙則先以廚房用洗潔劑除去髒汙，再用熱抹布擦拭一遍。

達人超效清潔術

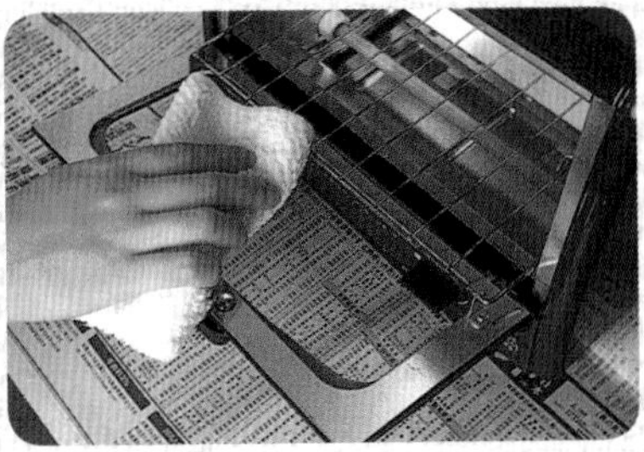

烤箱的日常清理

平時清潔玻璃門時，只要用熱抹布擦拭就足夠了，如果覺得平時用來烤麵包的烤箱特別髒時，可以利用廚房洗潔劑或液狀清潔劑來清洗髒汙。不過要用熱水反覆擦拭，直到確實擦掉洗潔劑為止。

達人訣竅

事實上，用鹽巴就能將烤箱刷洗乾淨。首先，以餐具專用抹布沾鹽巴，將烤箱刷乾淨，接著用濕抹布擦拭，最後再以乾抹布仔細擦乾即可。

·廚·房·篇·
掃除密技大公開

how to do!!
達人教你這樣做！

★水槽

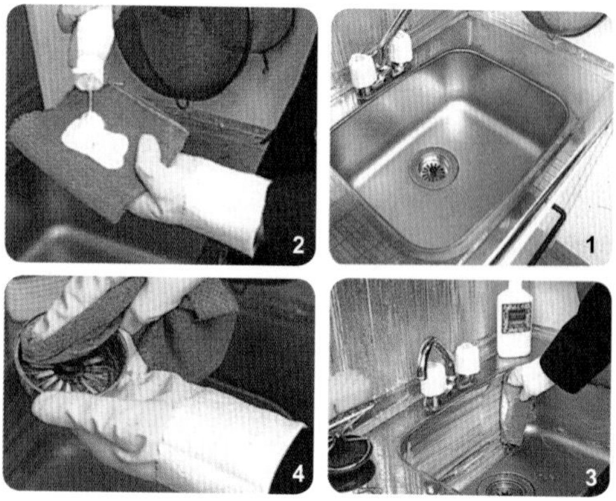

❶如果水槽有去汙劑殘留，會產生斑白的痕跡，因此必須用大量的水仔細沖洗，最後再以乾抹布擦乾水分，使之光亮如新。若殘留水分，會有一圈圈的水漬，同時也會失去光澤。

❷使用去汙劑時，最適合搭配牛仔布來擦拭，因為它比海綿織紋更密實，故去汙劑較不易滲入布中，汙垢也就更容易清除。

❸將牛仔布弄濕後，沾點去汙劑即可刷洗水槽。由於不鏽鋼有一定的紋路，故須順著紋路刷洗！一般來說，以左右來回的方向清理即可。

❹別忘了排水口的蓋子也要仔細清洗，不要放過任何一處死角，而排水口的內側還可用舊牙刷伸入其中刷除汙垢。此外，必須養成每次清洗後倒熱水至水管內的習慣，可防止黴菌孳生。

★茶壺環保清潔法

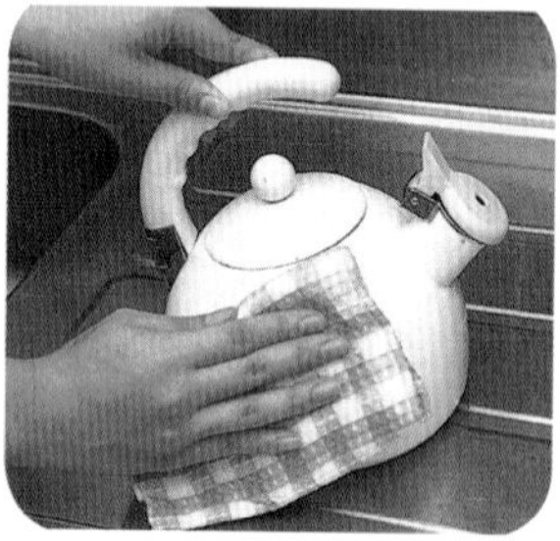

茶壺內注入八分滿的水，加熱煮至沸騰後熄火。趁著茶壺尚有熱度時，用抹布擦拭表面，不僅能顯得更為光亮，甚至連沾黏的油汙也能輕易去除。如果怕被燙傷，可事先戴上麻布手套。由於此法不會傷及壺面，故適用於任何材質的茶壺。

★鍋子的焦黑處

❶調理食物的平底鍋，若用菜瓜布還是無法清除其焦黑情形，可試著將適量的鹽放入鍋中並點火，用木匙攪拌煎炒4~5分鐘。

❷待鹽呈焦黑狀態時，用廚房紙巾包住木匙，輕輕刮掉焦黑物並擦掉鹽，然後用熱水沖洗即可。如果加入洗潔劑清洗，下次使用平底鍋時將容易產生焦汙，故使用鹽來清除，可省事許多。

★抹布消毒法

抹布每次都要特地漂白消毒，十分麻煩。其實，只要在鍋中加水滾沸後，放入抹布約煮5~6分鐘即能完成消毒工作。接著再將抹布置於日照充足的地方完全晾乾即可。每次約可消毒擦拭餐具、流理臺等抹布5~6條。

★水龍頭把手

❶ 把手開關的內側，是細菌及黴菌最易孳生的場所。故須留意清潔。

❷先將水龍頭把手上方的螺絲鬆開，取下外罩蓋子後，徹底洗淨把手開關，但要收好螺絲釘，千萬別弄丟了！

★砧板漂白法

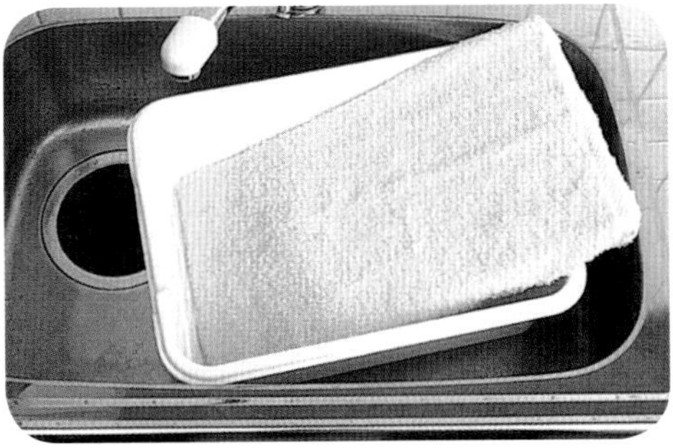

於長方型臉盆內注入適量的廚房用漂白水，並加水稀釋。另於砧板上覆蓋大毛巾或大抹布，將砧板放入臉盆內。如此一來，即使不將砧板整個浸入漂白水稀釋液中，抹布也會吸取漂白水，而使其遍及整個砧板，同時還能漂白骯髒的抹布，一舉兩得。

Kitchen

一提及浴室就會聯想到廁所，
而我們每天都會使用到廁所和浴室，
為了給自己一個舒適的空間，
就以愉快的心情來打掃浴室和廁所吧！

Chapter 4

廁所&浴室 分區清潔整理法

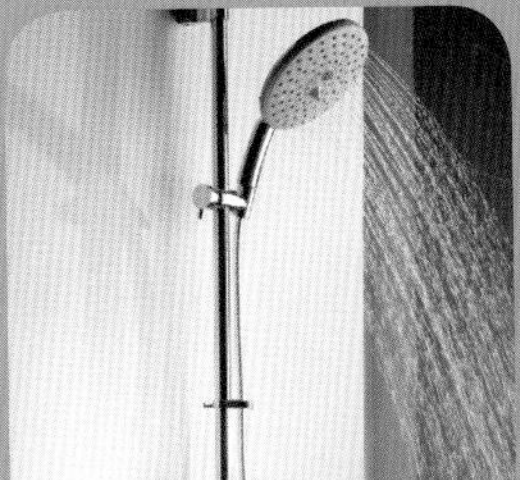

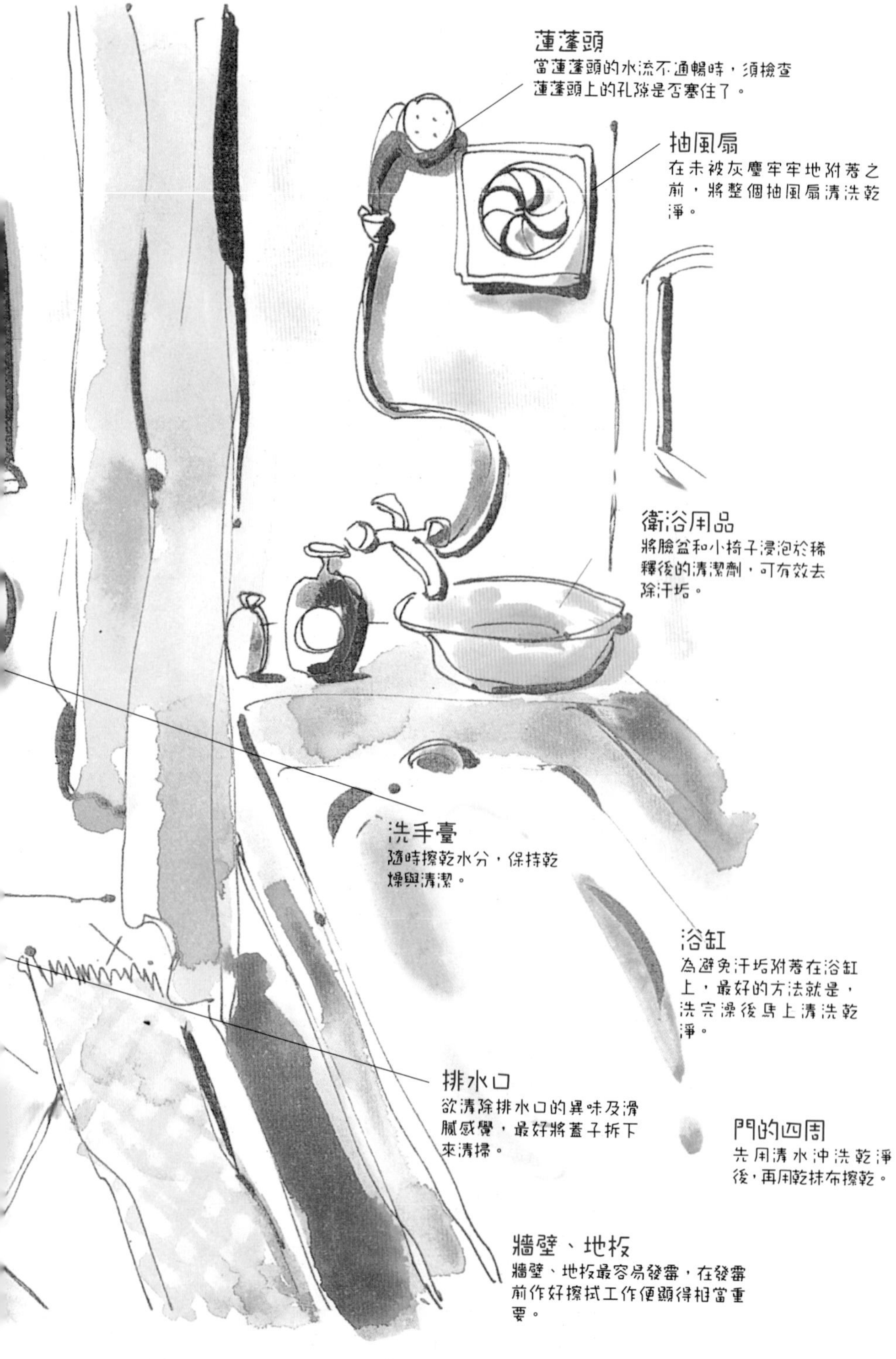
蓮蓬頭
當蓮蓬頭的水流不通暢時，須檢查蓮蓬頭上的孔隙是否塞住了。
抽風扇
在未被灰塵牢牢地附著之前，將整個抽風扇清洗乾淨。
衛浴用品
將臉盆和小椅子浸泡於稀釋後的清潔劑，可有效去除汗垢。
洗手臺
隨時擦乾水分，保持乾燥與清潔。
浴缸
為避免汗垢附著在浴缸上，最好的方法就是，洗完澡後馬上清洗乾淨。
排水口
欲清除排水口的異味及滑膩感覺，最好將蓋子拆下來清掃。
門的四周
先用清水沖洗乾淨後，再用乾抹布擦乾。
牆壁、地板
牆壁、地板最容易發霉，在發霉前作好擦拭工作便顯得相當重要。

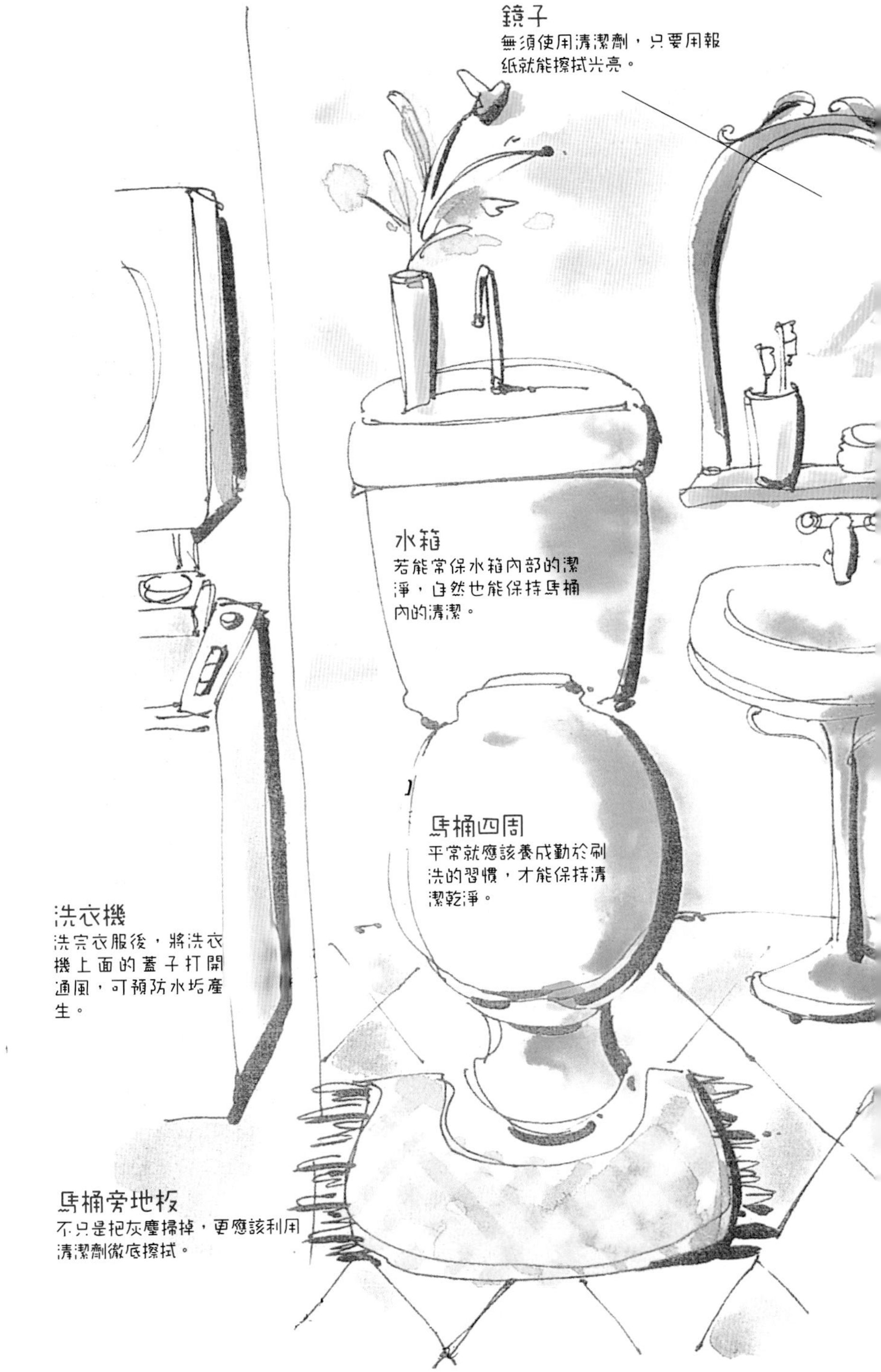
鏡子
無須使用清潔劑，只要用報紙就能擦拭光亮。
水箱
若能常保水箱內部的潔淨，自然也能保持馬桶內的清潔。
馬桶四周
平常就應該養成勤於刷洗的習慣，才能保持清潔乾淨。
洗衣機
洗完衣服後，將洗衣機上面的蓋子打開通風，可預防水垢產生。
馬桶旁地板
不只是把灰塵掃掉，更應該利用清潔劑徹底擦拭。

t o i l e t

廁所

洗手臺

保持洗手臺清潔的不二法門是將洗手臺擦乾，不留半滴水珠。

洗手臺的汙垢包括肥皂殘屑、身上的皮脂及水垢。浴缸也是一樣，時間拖得愈長頑垢就愈難脫落，因此，每次使用完畢後，應立刻用乾抹布將水漬擦拭乾淨。若無法天天實行，也應該每週定期以浴室專用洗潔劑將累積的頑垢徹底清除。

而洗手台下方的櫃子，容易產生濕氣，故應該常常把櫃內的物品拿出來，將其內部擦拭一番，以適時通風一下。

達人超效清潔術

1

2

細孔砂紙清潔法

❶如果用洗潔劑還是無法刷洗掉洗手臺內的黑點時，應使用耐水性砂紙來刷洗。最好是準備細孔砂紙，裁剪適當的大小，沾濕後輕輕塗上肥皂來刷洗黑點。

❷將砂紙放在頑垢上，像畫圓圈似地刷洗，然後用水沖淨，再以乾抹布拭乾。注意不要讓砂紙刮傷了排水口的金屬部分。

start!!

步驟掃除法

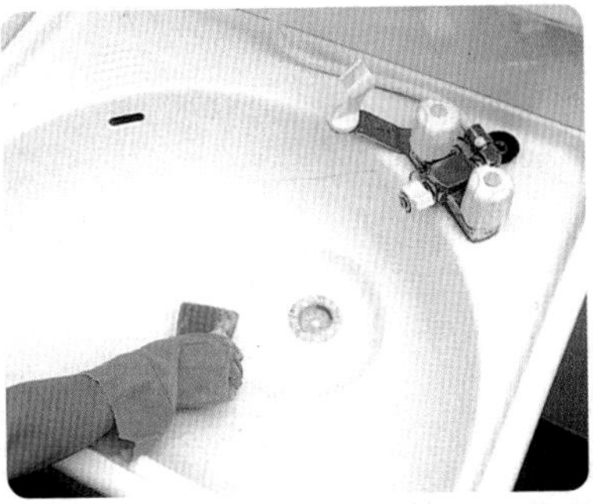

1 肥皂殘屑及水垢等汙垢可用海綿沾一點浴室專用洗潔劑輕輕擦拭。其他種類的汙垢則可用碳酸氫納或檸檬切片、鹽等來拭除。

2 將汙垢擦掉後，先用水將清潔劑清洗乾淨，最後再用乾抹布擦乾。若沒有拭乾水分，洗手臺將很容易產生汙點及水痕，所以這個步驟相當重要。

家事王 小撇步

清洗水龍頭汙垢的最好方法是用牙刷沾取牙膏刷洗，然後用清水沖洗擦乾即可。水龍頭與旋轉開關部位最容易沾黏汙垢，應該仔細清洗。

鏡子

無須使用清潔劑，只要用報紙就能將鏡子擦拭得光亮無比。

鏡子上的汙垢其實很容易擦拭，當鏡子因為熱氣變得霧濛濛時，只須用乾布擦拭即可。如果沾上了汙垢，也不必使用清潔劑，利用報紙即可輕鬆去除。因為報紙上的油墨不僅有助於清除汙垢。還能避免產生擦拭過的痕跡，可省略用乾淨抹布擦第一遍的步驟。記得隨時保持鏡子的光亮，可讓你以充滿愉快的心情以迎接美好的一天。

達人超效清潔術

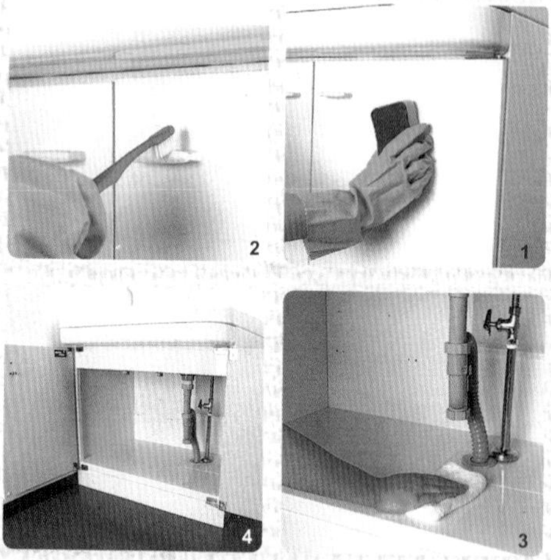

洗手臺周圍的櫃子

❶櫃子的外側要用沾有廚房專用洗潔劑的海綿擦拭，再以沾濕熱水並擰乾的抹布拭淨。而木製的門若不是很髒，只要以乾拭法清潔即可。

❷櫃子的把手最容易沾黏手垢，應該用舊牙刷及廚房洗潔劑來清潔，若把手可拆卸，就先用螺絲起子將把手取下，以輕鬆擦拭把手裡外凹凸不平的部分。

❸將櫃子中的物品全部取出後，先用吸塵器將灰塵吸乾淨，再將抹布浸泡於廚房專用洗潔劑的稀釋液中，擰乾後擦拭櫃子內外，之後再以熱抹布清理一次，最後用消毒酒精擦拭一遍，如此既能消毒又能防止發霉。

❹將櫃子裡外擦拭乾淨後，暫時將櫃子的門扇打開使其通風，以預防櫃子發霉。倘若櫃子曾經出現發霉情形，就很容易再度出現黴斑，因此應定期檢查且保持通風。

start!!

步驟掃除法

1 可用擰乾的熱抹布擦掉鏡子上的汙點。不過擦第二次時，不須把熱抹布擰得太乾，即使牙膏泡沫還殘留其上，也無所謂。

2 將報紙揉成一團，像畫圓圈似地擦拭鏡子，鏡面將變得光亮無比。此外，直接用手拿報紙擦拭因會弄髒雙手，所以最好戴上手套來清潔。

馬桶四周

養成隨手的習慣，以塑造一個乾淨、舒適的如廁環境。

為了方便使用且如廁時乾淨愉快，在平時就應該養成使用後隨手擦拭的習慣。清洗時須注意馬桶底座的死角和馬桶邊緣的部分，可利用一種用完即丟的馬桶專用紙巾來擦拭馬桶，如果覺得馬桶相當骯髒時，可配合使用廁所專用洗潔劑來清洗。

家事王 小撇步

如果你想隨時保持馬桶清潔，必須經常使用具有除菌效果的廁所專用紙巾或衛生紙來擦拭馬桶。有鑑於此，平日應充分準備廁所專用紙巾，以方便隨時取用。

達人超效清潔術

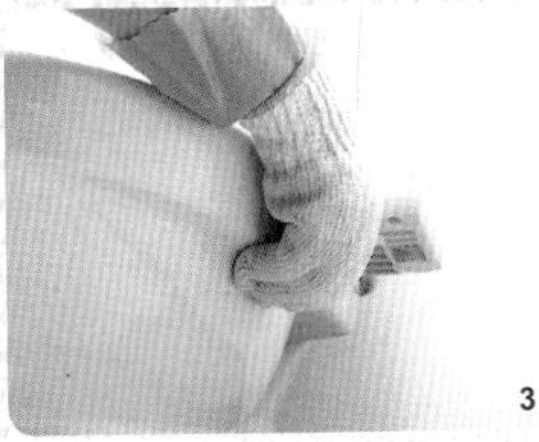

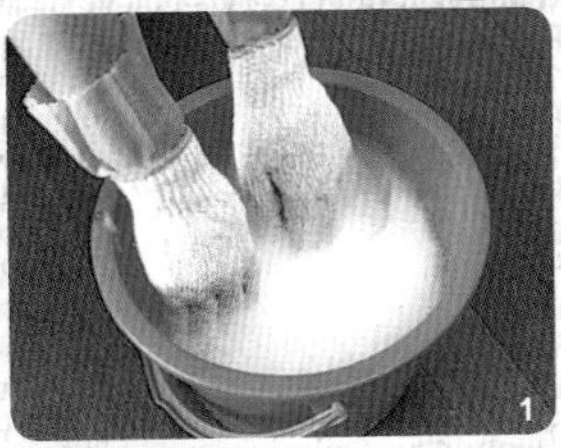

麻布手套清潔法

❶戴上橡膠手套後再套上麻布手套。並在水桶中倒入廁所專用洗潔劑，加水稀釋為1％的濃度，再將戴好的麻布手套浸入洗潔劑的稀釋液中。

❷將浸泡過洗潔劑稀釋液的麻布手套擰乾後，即可用來擦拭馬桶，假使麻布手套變髒了，可直接放入水中清洗。

❸若馬桶下方已經產生一圈汙垢時，表示馬桶已經相當骯髒。此時應運用麻布手套清潔法，沿著馬桶邊緣擦洗。

❹而馬桶邊緣內側，可將手指伸進去清洗。結束後將丟掉麻布手套，將橡膠手套清洗乾淨即可。

達人超效
清潔術

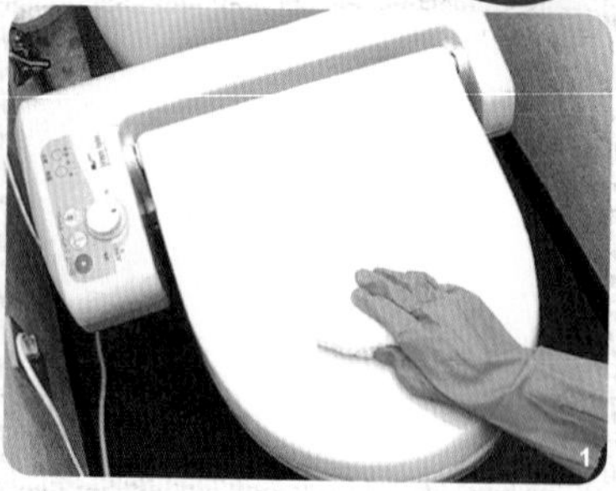

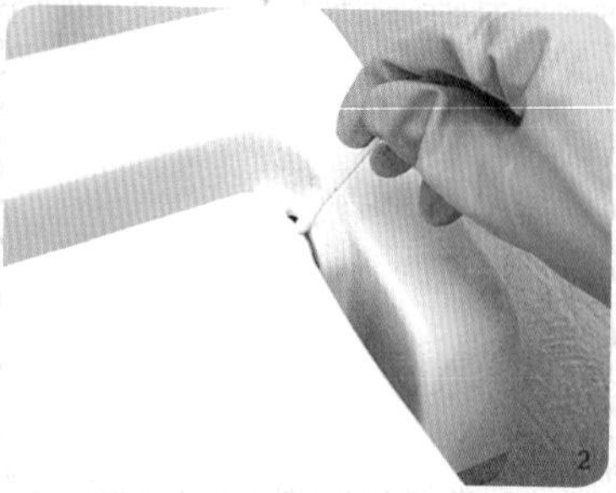

清潔馬桶蓋

❶塑膠製的馬桶蓋對清潔劑比較敏感，清潔時可使用沾有消毒用酒精的抹布來擦拭。如果馬桶蓋相當骯髒，則先以廚房用的中性洗潔劑清潔一遍，再用濕毛巾拭淨並塗上酒精。

❷馬桶蓋與馬桶間的銜接部分不但相當難清理，也很容易藏汙納垢，可用棉花棒沾取消毒用酒精來擦拭此處。

達人超效
清潔術

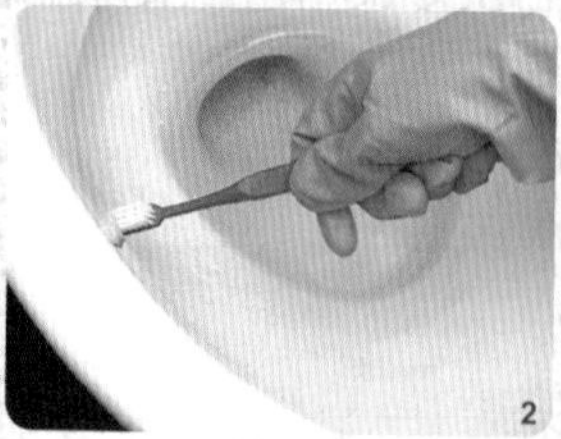

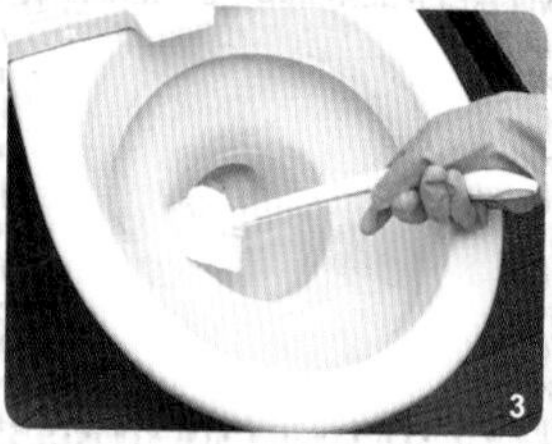

清潔馬桶邊緣

❶若是馬桶邊緣有無法去除的黑斑時，可用濕布法來處理。將衛生紙覆蓋在馬桶邊緣，然後噴灑馬桶專用洗潔劑並擱置一會兒。另外，再將沾滿洗潔劑的衛生紙塞於馬桶邊緣內側即可。

❷待汙垢完全浮出後，取下衛生紙再用舊牙刷刷洗，因其一般廁所刷子很難清洗到馬桶內側，建議用舊牙刷來刷洗，完畢後，再利用小鏡子檢查是否乾淨。

❸清洗完馬桶周圍的汙垢後，可使用廁所的刷子將馬桶整個刷洗一次。若發現尚有黃斑等現象，可利用濕布法再覆蓋上紙巾，稍待一會兒，等汙垢浮出後，再加以清洗。

清潔溜溜小妙計

清潔劑的使用須知

如果想要提升清潔效果，必須有效使用洗潔劑，千萬不可將使用方法弄錯。第一原則是打掃同個地方時不可混合使用兩種以上的洗潔劑。假使不小心混合鹼性的氯化系漂白水和酸性的洗潔劑，將會產生氯氣瓦斯之化學變化，相當危險，因此在使用清潔劑時，必須檢查其成分及使用方法。其次，洗淨力強的洗潔劑雖然效果很好，但是也會造成環境汙染傷及家具材質。所以，做掃除工作時，應循序漸進地先以熱水沖洗汙處，如果無法去除時，再用一般的洗潔劑，萬不得已時，才考慮使用強力洗潔劑。

達人訣竅

用過期的牛奶代替清潔劑，倒入馬桶中，用刷子刷洗，就能讓馬桶煥然一新，甚至還能在馬桶上形成保護膜。

馬桶水箱

若能維持水箱內的潔淨，自然也能保持馬桶內部的清潔。

水箱外側容易凝結水滴，但遇到梅雨季節時，水箱下方及地板上將更嚴重，如此一來，很容易孳生黴菌。因此，若發現水滴，應馬上用乾抹布去除。而水箱內部的清潔工作也相當重要，因為水箱內盛滿水，容易產生水垢；如果用含有水垢的水沖洗馬桶，馬桶將會產生汙垢，故可偶爾打開水箱的蓋子徹底清洗內部，順便檢查內部零件是否出現耗損。

家事王 小撇步

打開水箱蓋的方法

若要打開附有洗手器的水箱蓋時，應將蓋子稍微拿高，然後鬆開螺絲即可打開水箱蓋。沒附洗手器的水箱蓋只要直接掀起即可。

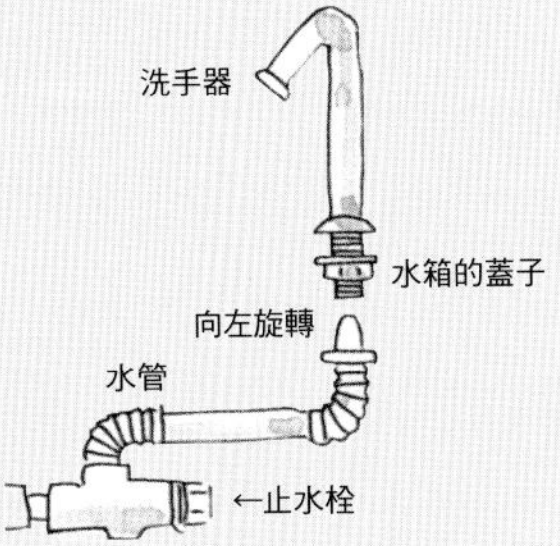

步驟掃除法

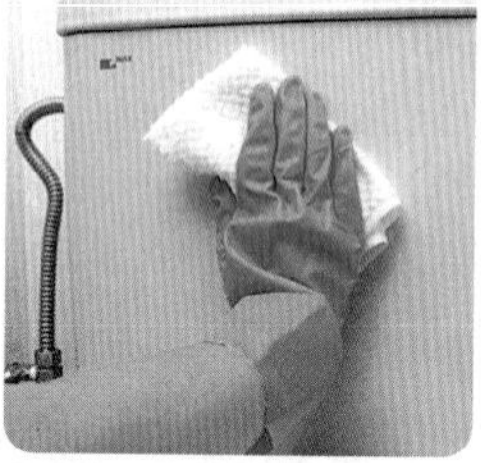

1

水箱外側的汙垢可用消毒酒精或是一般家用洗潔劑擦拭。同時也要清理易髒的水箱底部和梅雨季節中容易凝結的水滴。

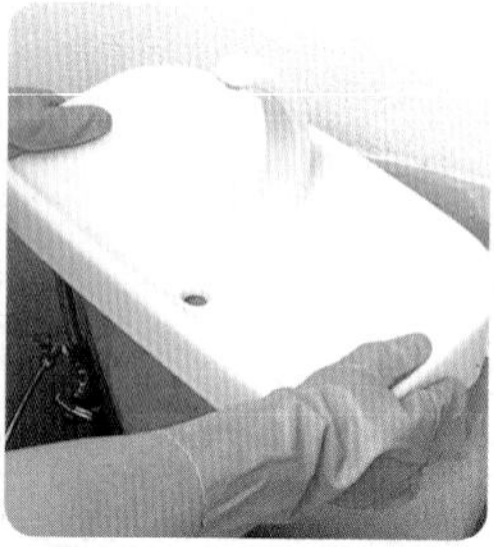

2

清洗水箱內部時，先關緊止水栓，以免水一直流入水箱內。接著，將水箱蓋掀開後轉動把手桿，再將水全部放掉即可。

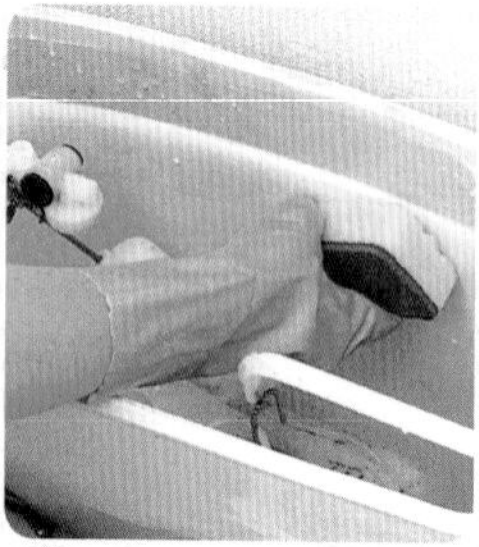

3

清洗水箱內部時，不可破壞內部零件，若有明顯髒汙，可用海綿擦洗。但應注意盡量不要使用清潔劑，因為殘留的清潔劑容易造成內部零件故障。

4

如果使用洗潔劑也無法除去水箱蓋上的黑斑時，可使用耐水性砂紙刷拭。先將砂紙沾濕，再塗些肥皂在黑斑汙處上刷洗，即可刷掉沾黏的黑斑。

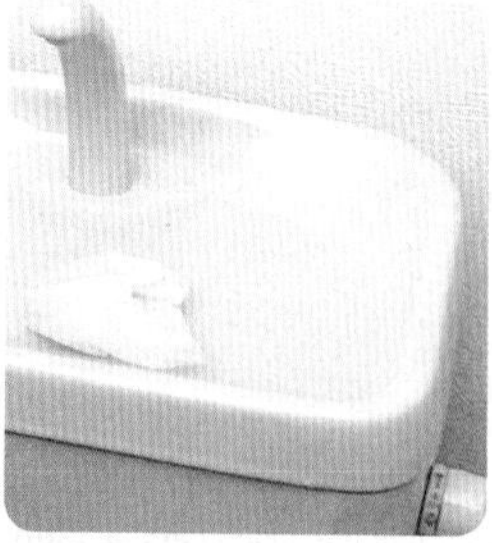

5

若水箱蓋上有殘留的黃斑，可先將水箱蓋上方的漏水孔用抹布塞好，倒入水溫60至70度的熱水並加入漂白劑，稍等一會兒，再用刷子刷洗。

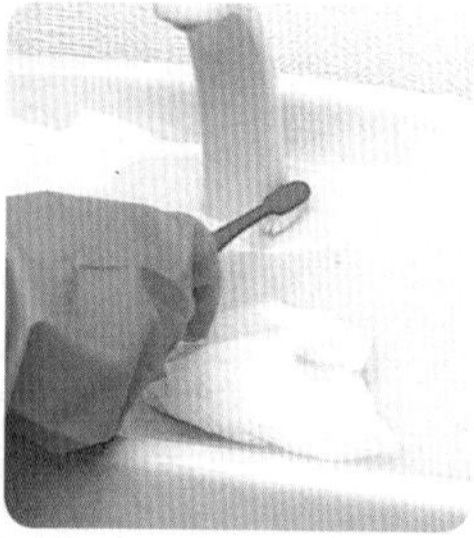

6

若水箱蓋上的水龍頭有白色斑點時，可用海綿沾些洗潔劑擦洗。而接縫處若有黑斑時，可以舊牙刷刷洗後，再用清水沖洗。

start!!

步驟掃除法

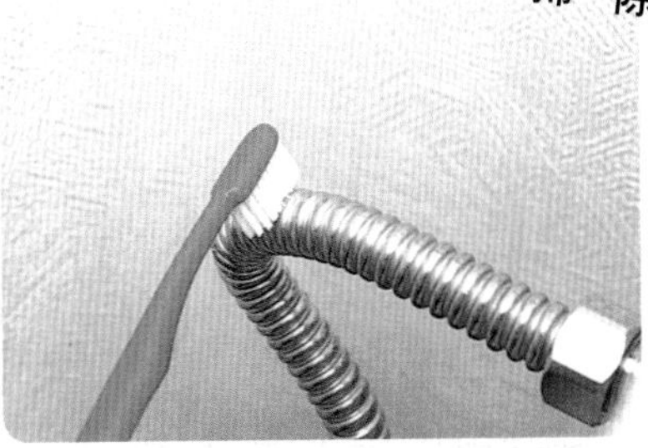

7

清理水管及把手上的鐵鏽時，可使用沾有洗潔劑的牙刷清洗，然後再將泡沫擦乾。此外，平時就應常用乾抹布擦除灰塵及濕氣。

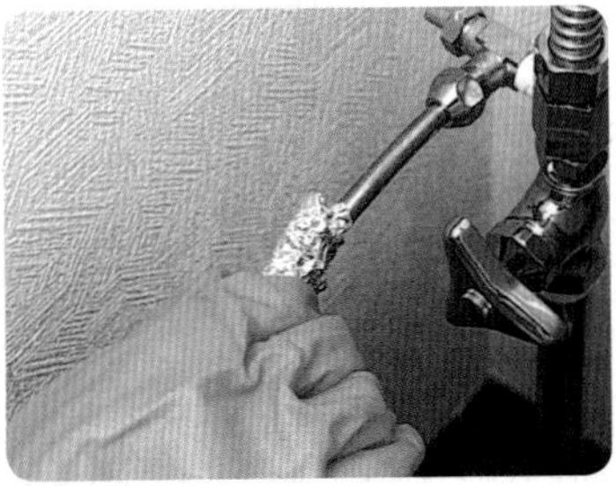

8

若發現水管上有白色顆粒，是因為金屬遭到腐蝕所致。可將鋁箔紙揉成一團後，沾點水來刷洗，並於擦乾後噴上防鏽劑。

家事王小撇步

除臭妙方

為了完全防止惡臭產生，廁所應時時保持清潔。若因為水管排水不良而出現惡臭就應趕快清理水管，若是排水系統產生故障則應請專人修理。再者，也可噴些除臭劑或使用芳香劑和帶有淡淡香味之肥皂，好讓廁所散發出清雅的幽香，對於訪客而言，這也是貼心的待客之道。

馬桶旁地板

不只是把灰塵掃掉，更應該利用清潔劑徹底擦拭乾淨。

若廁所的地板是木製的，將會很容易殘留髒汙，如果沒有立即清理濺出的尿液，將導致地板變色，因此應仔細擦拭乾淨。若有加裝馬桶坐墊，也必須每個禮拜以踏墊專用清潔劑清洗一次並晒乾。如果廁所是塑膠地板，則可以一般的清潔劑來清洗，而磁磚地板則用浴室專用洗潔劑來清洗。

家事王 小撇步

用吸塵器吸取灰塵後，以沾有洗潔劑並擰乾的抹布來擦地板，之後再用乾淨的濕抹布拭淨，如此才能完全杜絕惡臭。

bathroom

浴室

浴缸

浴缸的保養工作應在洗完澡後趁汙垢還未附著時，就馬上清洗。

浴缸的汙垢包括人體脫落的皮脂及分泌物、肥皂殘屑及溶於水中的鈣、鎂等物質。當熱水冷卻後，汙垢就會凝固在一起，附著於浴缸邊緣及水位線上而形成白色汙垢。想要預防這些汙垢產生，最好趁洗完澡後利用剩餘熱水來清洗浴缸。只要每週利用浴室專用洗潔劑清洗浴缸一次，就可完全清除浴缸水位線上的汙垢，使其隨時保持光亮如新。

家事王 小撇步

一邊放掉剩餘的熱洗澡水，一邊用海綿或刷子刷洗浴缸，即使不用洗潔劑也能簡單地清除汙垢。待洗澡水全部放掉後，再用熱水沖洗浴缸一次，如此一來，浴缸將變得非常乾淨。

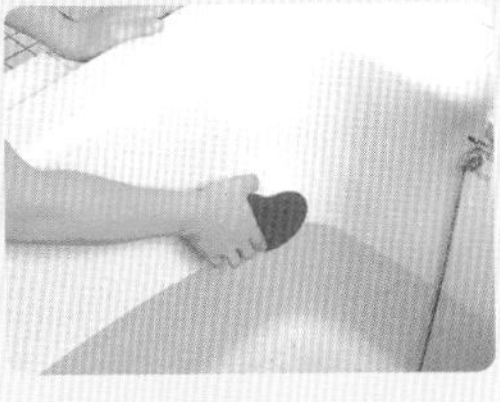

清潔溜溜小妙計

碳酸氫鈉的活用法

碳酸氫鈉中的鹼可分解洗澡水中的汙垢。即使沾到皮膚也不會造成傷害。雖然碳酸氫鈉的洗淨力比一般洗潔劑來得低，但由於它易溶於水，用來清洗浴缸，既方便又輕鬆。洗完澡後，將適量的碳酸氫鈉撒在浴缸及地板上，然後輕輕刷洗地板即可。至於刷洗浴缸，則要放置一會兒，等到熱水變溫水時再清洗浴缸，這樣汙垢才容易脫落，並在刷洗完畢後，用清水沖洗乾淨。

start!! 步驟掃除法

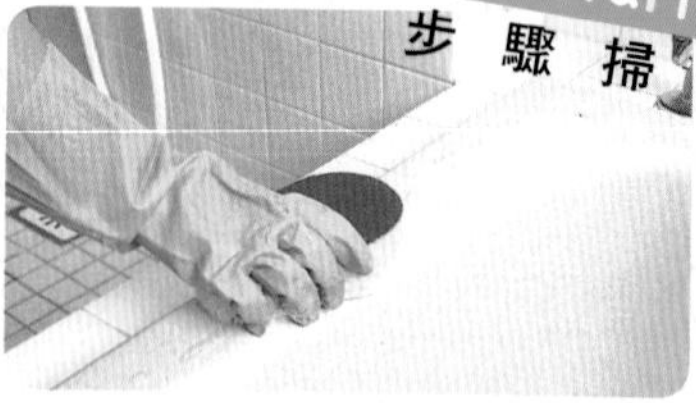

1 清洗時將浴缸專用洗潔劑塗抹於浴缸，稍待一會兒之後再用海綿輕輕刷洗。不過有的浴缸因材質比較脆弱，如果放任洗潔劑塗抹浴缸表面而不洗淨，可能會因此產生汙點，必須特別注意。

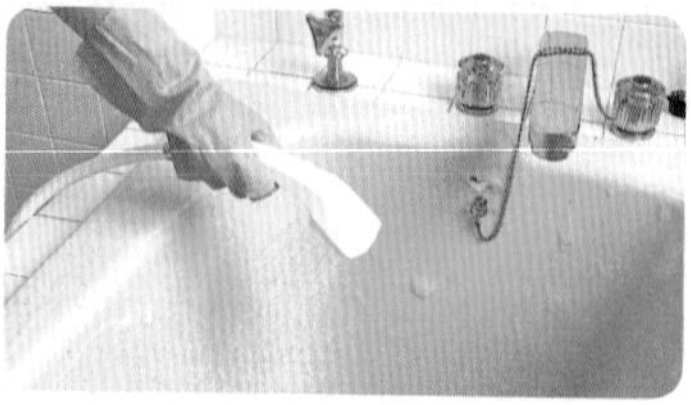

2 汙垢清除後，使用蓮蓬頭以熱水將浴缸周圍的泡沫整個沖洗乾淨。

Check

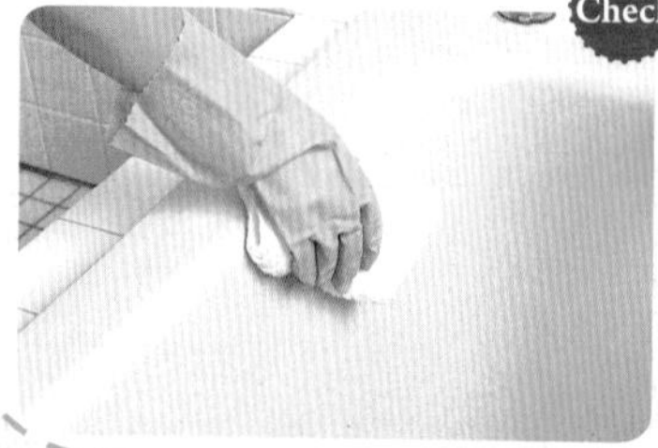

3 最後用乾抹布將浴缸擦乾淨。而四周的防水黏接處特別容易孳生黴菌，因此一定要將水分吸乾才行。

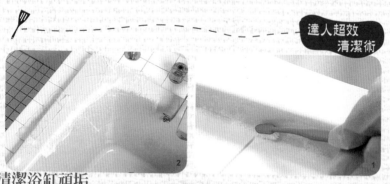

達人超效清潔術

1

2

清潔浴缸頑垢

❶浴缸和磁磚之間的接縫非常容易囤積汙垢，可利用舊牙刷將隙縫中的汙垢刷掉，但盡量不要刷傷表面的防水黏接劑，並在刷完後再用清水沖洗乾淨。

❷附著在浴缸周圍的汙點及頑垢，要以塗抹浴室專用洗潔劑的紙巾覆蓋在水位線及浴缸的邊緣。黏貼後，放置5至10分鐘，待頑垢浮出後再以海綿擦拭。

清潔溜溜小妙計

浴缸清潔術

要清除累積在浴缸內側的水垢，可將水管一端插入浴缸上方的循環口，之後再打開水龍頭，利用水的力量沖洗汙垢，使其從下方出水口流出。或將水注滿浴缸，以通馬桶的工具吸取上下兩個出水口。若是只有一個循環口的浴缸，就要使用長柄刷子刷洗循環口內側。事實上，只要每2至3個月用洗潔劑刷洗一次即可。

達人訣竅

材質不同的清洗法

浴缸的材質分別有木質、塑料、不鏽鋼、琺瑯等材質，因為材質有所不同，故應避免洗潔劑對浴缸材質所造成的傷害。至於清洗方式則大致相同，原則上不可用力刷洗及使用比浴缸材質還硬的工具。

木質浴缸

通常用棕刷刷洗即可，但為了防止黑點產生，大約一個月左右就要用去汙劑清洗一次，並以清水沖洗乾淨即可，切記不可過度用力刷洗，以免傷及木頭。

不鏽鋼浴缸

洗完澡後用熱水將浴缸沖洗乾淨，再用乾抹布拭乾，而較難去除的汙垢，可用海綿沾些洗潔劑刷洗，此外，一定要再用乾抹布將水分擦乾，因為水滴會形成圓形的水漬殘留於浴缸。

塑膠浴缸

塑膠製的浴缸最怕酸性、鹼性的物質腐蝕，若直接將未稀釋過的洗潔劑倒在浴缸裡將會產生斑點，應選擇中性或弱酸性的洗潔液並搭配海綿來刷洗。

琺瑯浴缸

若發現浴缸有黑點時，可用砂紙刷洗。但如果力道過猛會使浴缸表面失去光澤，所以操作時應謹慎小心。琺瑯浴缸和塑膠浴缸均會被強酸及強鹼的物質腐蝕，因此應使用中性洗潔劑來清洗。

牆壁、地板

牆壁、地板的天敵是黑色黴菌，在它們發霉前應做好防霉措施。

浴室是一個高溫且潮濕的地方，再加上我們洗完澡後身上所掉落的皮脂，便是提供了黴菌完美的生長環境，若要完全杜絕發霉，必須由平日的打掃開始做起，以有效抑制黴菌生長。故洗完澡後，一定要擦拭地板及牆壁，並且打開窗戶及抽風扇讓浴室保持良好通風。

若發現牆壁或地板已經長出黴斑，便必須使用浴室去霉劑來清洗。但須注意，切勿將浴室去霉劑、漂白水與酸性洗潔劑混合使用，因其混合使用，可能會產生有毒氣體，是非常危險的舉動。

步驟掃除法

1 清潔壁磚的汙垢和黴斑時，不須使用去霉洗潔劑，只須用海綿沾取浴室專用洗潔劑刷洗即可。如果還是刷不乾淨時，可在汙處塗抹洗潔劑並放置一會之後再刷洗，這樣就可輕鬆刷洗乾淨。

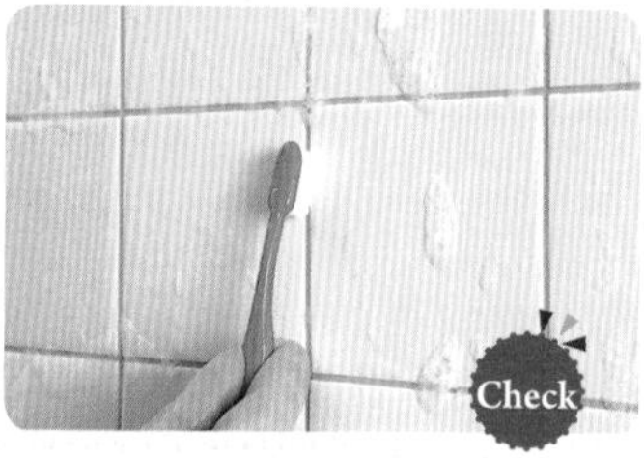

2 清洗磁磚接縫的黑點時，應使用含有漂白成分的清潔劑。用毛筆將清潔劑塗在接縫上，再用牙刷刷洗，若刷不掉則可改用浴室去霉劑，注意使用時要小心被洗潔劑噴到。

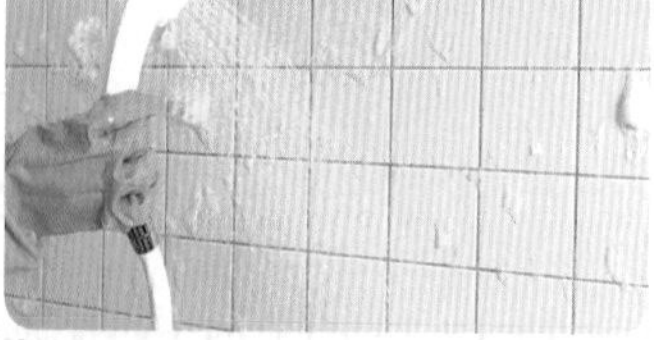

3 待汙垢完全脫落後，以蓮蓬頭由上往下將泡沫沖洗乾淨，然後再用乾抹布擦乾，並噴上消毒酒精即可。

達人超效清潔術

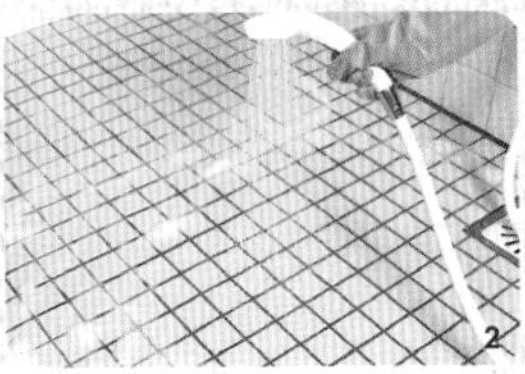

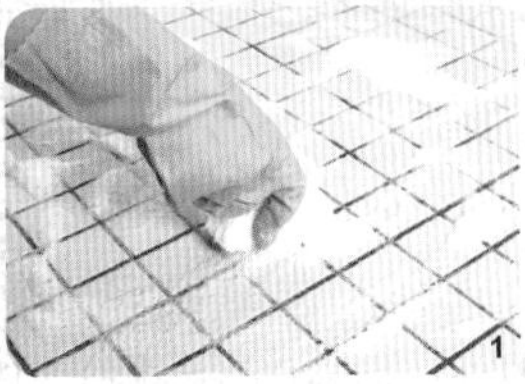

清潔浴室地板

❶利用剩餘的洗澡水或熱水將地板打濕，再將頭髮撿乾淨，噴灑上浴室專用洗潔劑，約等數分鐘後，再用刷子刷洗地磚。

❷待汙垢都刷掉後，再用蓮蓬頭將泡沫沖洗乾淨並擦乾，如果地磚接縫處出現黑色黴斑時，其清洗方法和牆壁的清洗方式一樣，以含有漂白劑成分的清潔劑及刷子來刷洗乾淨。

❸此外，浴室用組合式塑膠地板的清洗方法基本上和磁磚大致相同，但必須注意的是，要使用刷毛較軟的刷子沾取含有漂白成分的清潔劑，沿著塑膠地板溝槽方向刷洗，但要注意力道，別刷傷地板。

排水口

排水口有滑膩之感或臭味時，應將排水口的蓋子拆開來清洗。

造成排水管堵塞及產生惡臭的原因，通常是洗髮後所掉落的頭髮和肥皂屑沒有經過適當清除而成。

要預防排水管堵塞，並在洗完澡後馬上展開清潔工作，若能充分利用工具清理，掉落的頭髮就不會流入排水管。假使發現排水管有堵塞現象及惡臭時，建議使用水管專用的洗潔劑來改善。

家事王小撇步

利用煮菜剩下的檸檬特製清潔液，將煮沸的熱水加入檸檬汁數滴，直接刷洗浴室周圍，因其內含檸檬酸可有效清除排水口的水漬和汙垢，並且浴室還會因此殘留檸檬的香味。

start!!

步驟掃除法

1 拆下排水口的蓋子並仔細清洗，以海綿沾取去汙劑來刷洗，若海綿刷洗不掉，可藉助牙刷來清理，如果排水口蓋子的材質為塑膠製品，可將其浸泡於稀釋過的漂白劑中，如此就能乾淨如新。

2 將過濾器及過濾筒取出，清除毛髮和髒汙後，再用尼龍刷或舊牙刷刷洗，注意不要有遺漏之處。

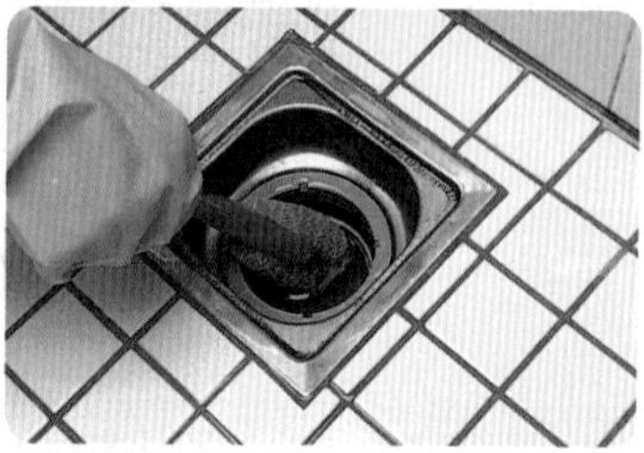

3 排水口內需使用浴室專用洗潔劑，用塑膠刷或將四至五根牙刷綁在一起以旋轉的方式清理， 至於排水口周圍的汙垢可用衛生筷刮除。

達人超效清潔術

水管疏通劑

若清洗後，排水狀況仍然不良或殘留臭味時，可使用水管疏通劑，大約1至2個月使用一次即可，效果極佳。而市面上販售的水管疏通劑有發熱、發泡之效果，能消除水管內的臭味及堵塞異物。通常適用於任何排水口，使用方法也非常簡單，只要把水管疏通劑倒入排水口即可。

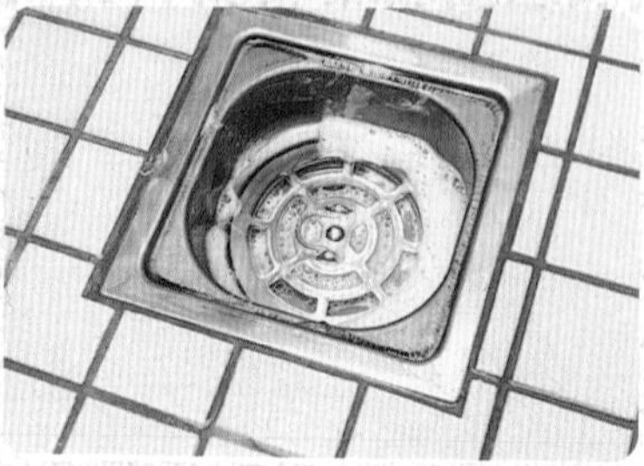

清潔溜溜小妙計

防止浴室產生霉斑的三個原則

1 保持通風

打開浴室的窗戶、門或使用抽風扇抽風一個小時以上。但須注意如果在洗澡後馬上打開浴室的門，濕氣會散發到更衣室甚至整個屋內，故應盡量避免。

2 保持清潔之重點

若不能在洗澡後馬上清洗浴室，可先以冷水將地板、牆壁沖洗一下，藉此沖掉汙垢。因為汙垢中的養分是形成黴菌的原因，所以要完全杜絕發霉情形，應隨時保持清潔。

3 噴上防霉劑

在牆壁及地板等容易孳生黴菌的地方，平均每半年噴一次防霉劑，至於很難清洗的天花板也可噴上防霉劑預防。

蓮蓬頭

蓮蓬頭出水不良時，應檢查細孔是否被阻塞。

蓮蓬頭的水管是大眾最容易忽略的地方，尤其當我們注意到時，蓮蓬頭的水管上早已長滿了黴菌，故預防水管發霉的方法應在平常就用乾抹布將水管擦乾，若發現汙垢產生時，就趕緊用洗潔劑清洗。至於蓮蓬頭內部因水垢的堆積而所造成的阻塞，若不儘早處理將會導致出水狀況不良。此外，偶爾也應該用螺絲起子打開蓮蓬頭，仔細清洗內部。

達人訣竅

當家中的蓮蓬頭的出水量忽大忽小，可以1：1的比例混合醋與熱水，然後將蓮蓬頭整個浸入稀釋液中，浸泡時間不必太長，因為時間過久可能會使金屬受到損害。由此可知，利用醋水溶解堵塞蓮蓬頭的碳酸鈣及碳酸鹽，就能恢復蓮蓬頭以往的出水量。另外一個方法，就是將蓮蓬頭拆開以牙籤去除髒汙，對於恢復出水量也有很大的幫助。

1 當蓮蓬頭的水管有汙垢時，利用海綿沾取專用洗潔劑將管子全部刷過，必須注意的是，由於金屬部分不能接觸酸性物質及漂白水，若不小心沾到，要立刻沖洗乾淨。

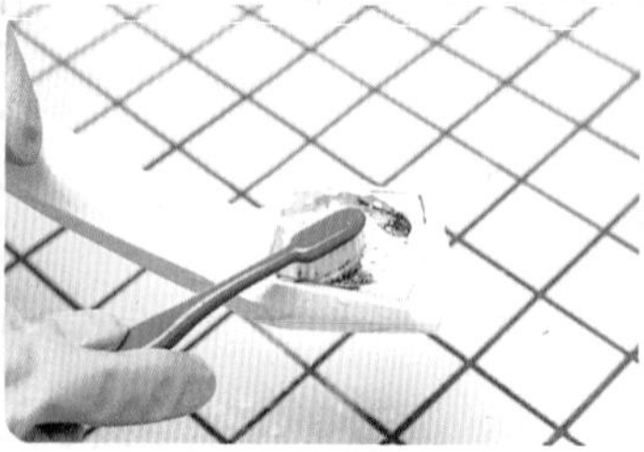

2 蓮蓬頭細孔上的汙垢，可用沾有浴室專用洗潔劑的舊牙刷輕輕地刷洗，若還是刷洗不掉，可利用螺絲起子轉開中間的螺絲釘，以徹底刷洗內部。

3 至於容易殘留水垢的水龍頭四周，須用沾有去汙劑的牙刷刷洗把手和四周的縫隙，至於內側也必須徹底清洗，如此一來，水龍頭必能光亮無比。

達人超效清潔術

蓮蓬頭水管

❶水管表面凹凸不平的部分若藏有汙垢時，可用濕布法來處理，在水管塗上浴室專用洗潔劑再蓋上紙巾包好。

❷包好紙巾後，待汙垢自然浮出表面時再用清水與舊牙刷刷洗，最後以乾抹布擦乾即可。

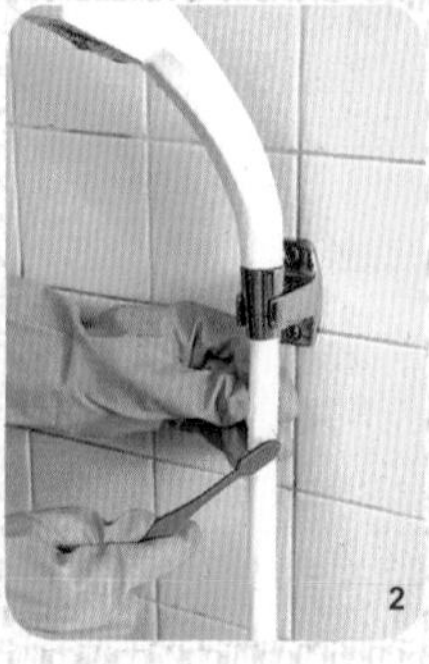

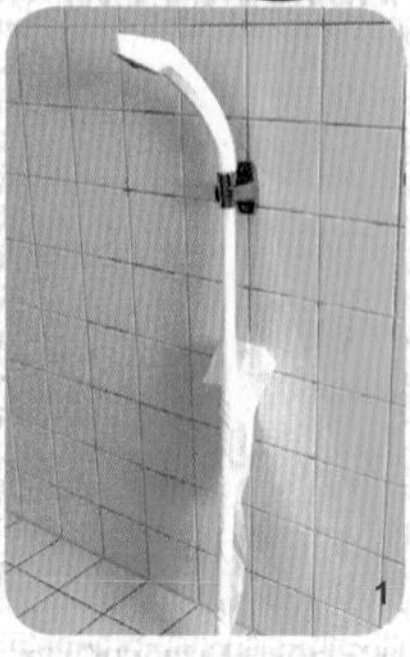

衛浴用品

若臉盆、小椅子沾有汙垢時，將其浸泡於浴缸中後再刷洗。

臉盆和椅子上容易附著水垢及肥皂殘屑，平常沐浴後若能用海綿或刷子隨手刷洗，即可保持這些浴室用品的清潔。若有明顯不易清除的汙垢，則可加入一些浴室專用洗潔劑在剩餘的洗澡水裡，將衛浴用品全部浸泡其中，就可輕鬆去除汙垢。

家事王小撇步

如果用材質較硬的清潔工具清洗衛浴用品，則會刮傷臉盆、椅子，而刮傷的表面反而容易藏汙納垢，所以在清洗時務必使用海綿或舊毛巾刷洗。

start!!

步驟掃除法

1

臉盆和椅子上的頑垢可用濕布法處理。將廚房用紙巾貼於汙垢上，然後噴上浴室專用洗潔劑擱置30分鐘以上。

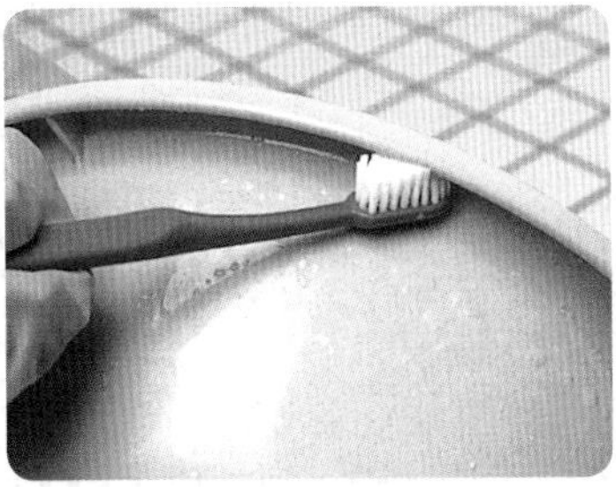

2

可先用海綿擦拭浮出的汙垢；而針對臉盆邊緣、內側及椅子底部等容易孳生黴菌，應要用刷子清洗，之後再以清水沖淨並拭乾即可。

抽風扇

在灰塵牢牢地附著於抽風扇之前，要整個拆下來清洗。

浴室抽風扇上的主要汙垢來自於日積月累的灰塵，這與廚房內的抽風扇上油垢有所不同，相較之下，前者清洗起來較容易。雖說是灰塵，但也不可掉以輕心，若長久擱置不清洗，灰塵就會變成泥塊，進而降低抽風扇的通風功能。

步驟掃除法

1

首先拔掉電源插頭，拆下蓋子和葉片（記得先戴上手套以免刮傷手部），如果是大樓式中央空調系統，則只要轉開中間的螺絲即可拆下。

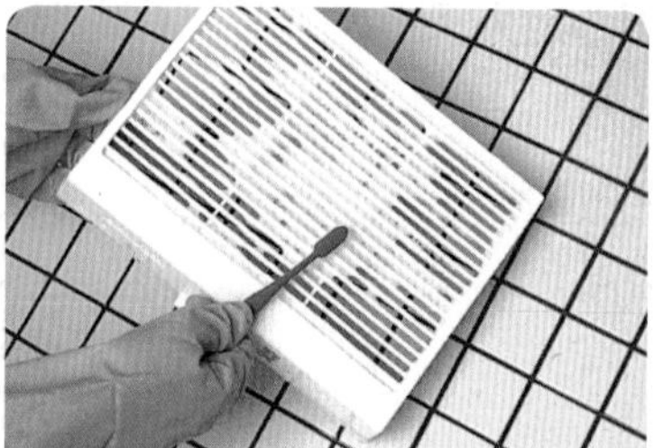

2

用溫水稀釋中性清潔劑，將拆下的蓋子等物件整個浸泡於稀釋液中，並用牙刷刷洗蓋子的縫隙，再以清水沖洗乾淨，待擦乾後即可安裝回去。

門扉周圍

用蓮蓬頭沖洗門扉的四周，然後用乾抹布擦拭。

如果浴室門窗總是呈現潮溼狀態，並有水珠殘留其上，很容易就會導致發霉。因此洗完澡後不要嫌麻煩，馬上用水把門四周整個沖洗一遍，而玻璃窗上的水滴也要徹底擦乾。浴室的窗戶也必須沖洗一下，而門框更須仔細擦乾，否則容易生鏽。

清潔溜溜小妙計

浴簾的保養要訣

平常淋浴後用蓮蓬頭沖洗浴簾，即可將洗澡時四處飛濺的肥皂泡沫沖洗乾淨。另外，一個禮拜使用一次浴室專用洗潔劑，將浴簾用海綿刷洗或放入洗衣機內清洗，而不需脫水，只須將水滴拭乾後吊回軌道，並噴上消毒用酒精即可徹底防霉。

達人超效清潔術

清潔門扉

1. 平時應該在洗澡後順便將飛濺在玻璃門四周的肥皂泡沫及水垢用熱水沖洗乾淨。若能養成勤於沖洗的習慣，就可徹底防止汙垢及發霉等現象產生。
2. 可先用乾抹布將水滴擦拭乾淨，因其飛濺在門扉四周的水滴容易使門生鏽和產生黴斑。或者也可以用吸水性良好的報紙來代替乾抹布。

2

1

·浴·室·篇·

掃除密技大公開

how to do!!

達人教你這樣做！

★清潔劑

將清潔劑噴灑於壁上的基本法是「由下往上」。並必須在水珠尚未滴下時迅速擦拭。如果由上往下擦，則汙水容易滴落而使壁上出現汙漬。如果牆壁只有一點輕微汙垢，只要在水桶中倒入一杯水和一小匙中性清潔劑，將抹布浸於其中後擰乾，即可擦拭汙處。

★抹布

事先準備多條洗淨的抹布集中放入洗衣機中脫水，將能節省掃除時間。待清潔工作完成後，再將髒抹布集中放入洗衣機中清洗乾淨，就更省時省力了。如果能再依其各種使用場所將抹布作色彩區分，如：浴室為紅色、廁所為藍色會更有衛生。此外，用抹布擦拭時，須將抹布折好，當一面擦髒時，立刻翻面擦拭，最好一直以乾淨的那面來清理。

抹布亦可用穿舊的汗衫、T恤剪成多塊布，運用多層縫合的方法製成。若是擦拭的物品大多為木製材質，必須完全將水分擰乾，並不斷換面擦拭，才能有效清除汙漬。

★馬桶

❶清潔者最痛恨馬桶內難以去除的黃垢尿漬，以下將要提供大家清除尿漬的密技。首先，在馬桶上噴一層清潔劑，覆蓋數張衛生紙，濕敷10至20分鐘，將發現尿漬會比較好刷除；如果尿漬殘留嚴重，則需要用水砂紙來刷磨。由於馬桶蓋材質大多是塑膠或壓克力，與陶瓷材質的馬桶不同，所以要選用偏中性的清潔劑刷洗或以魔術海綿清理，千萬不可用清洗馬桶的強酸或強鹼洗潔劑，以免日後脆裂或腐蝕損壞。

❷將衛生紙收藏在有門的櫃子裡，才不會讓人一眼看見，並且可在櫃子上方放些小飾品作裝飾，製造一個能讓心情放鬆的空間。記得經常用棕刷清洗牆壁，以免孳生黴菌。把骯髒的衣物放入洗衣袋中，可讓浴室空間看起來更清爽。甚至還可在洗衣機上方架設置物櫃放置清潔用品。如果是租房子者，則可安裝便於拆卸的置物架。

★防止鏡子產生霧氣

預防浴室及洗手臺上的鏡子產生霧氣有兩種方法：

1.在鏡子上塗一層薄薄的牙膏當作隔膜，能有效防止鏡子產生霧氣。

2.或是將香菸絲包在紗布內，用來擦拭鏡子，此法同樣也能防止鏡子產生霧氣。

Bath & Toilet

玄關可說是一個家庭的門面，
訪客最先看到的就是主人家的大門，
以藉此想像屋子裡的情況，
因此打掃好自家門面，等同塑造完美家庭！

Chapter 5

玄關

分區清潔整理法

鞋櫃
愈是看不到的地方愈容易藏汙納垢，因此必須仔細將鞋櫃打掃乾淨。
玄關地板
由於玄關地板的泥沙較多，故清掃時，不要讓灰塵四處飛揚。
玄關踏墊
玄關踏墊可以利用棕色膠布來黏取髒汙及塵屑。

陽臺
清掃垃圾及灰塵後，用少量的水來擦拭陽臺，以節約用水。

房子四周
房子周圍的乾淨與否決定整個家的第一印象，所以應定期檢查居家周圍的清潔狀況。

entrance

玄關

玄關地板

對於泥沙較多的玄關地板須輕輕打掃，以免灰塵四處飛揚。

乾淨的玄關會讓人產生良好的第一印象，所以玄關應隨時保持清潔。首先，以掃把將地板上的灰塵掃乾淨後，再灑水以刷子刷乾淨，最後將門打開，讓地板保持通風即可。若是住在大樓裡，且玄關沒有排水口，可採取書中介紹的打掃方式，或用濕海綿來清潔玄關。如果家裡的玄關鋪的是塑膠地板，則可利用稀釋過的洗潔劑刷洗即可。

清潔溜溜小妙計

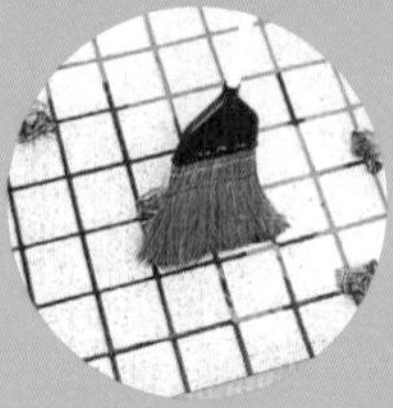

若是家裡的玄關沒有因為排水口，而造成無法用水清洗的狀況，可利用撕碎的報紙沾水，或將泡過的茶葉瀝乾灑在地上清理，這樣一來，掃地時灰塵就不會四處飛揚了。

start!! 步驟掃除法

1 先用掃帚將地板掃乾淨，或利用吸塵器清掃，將更能節省時間。掃淨地板後再灑水，並用長刷子刷地，接著打開門使地板自然風乾，若希望地板能夠乾得更快，可以乾抹布擦乾即可。

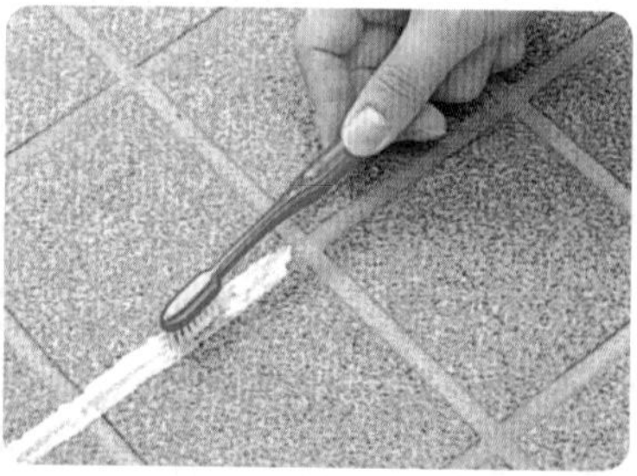

2 地板上沾有鞋油時，可用抹布沾去汙劑、磁磚專用洗潔劑或家用洗潔劑擦除後，再以乾淨的濕抹布擦淨，若是磁磚接縫處有汙垢殘留，也必須使用牙刷刷除。

玄關踏墊

去除玄關踏墊上的汙垢時，可使用棕色大膠布來沾取，非常實用方便。

累積在玄關踏墊上的汙垢，由外面進門時，馬上就會映入眼簾。其清洗方式和室內地毯的清理方法相同，若能水洗則可將踏墊放入洗衣機中清洗。偶爾也可拿至太陽下晒一晒，並拍打灰塵。若有包裹送來時，也可將包裹在玄關處打開，利用撕下來的膠帶在踏墊上沾取灰塵及毛屑，由此可知，只要隨手清潔，玄關也能維持乾淨整潔。

達人超效清潔術

除塵小妙招

如圖示將棕色大膠布繞在手上繞成一圈，輕輕拍打以沾取玄關踏墊上的毛屑及灰塵。另一種方法則是戴上橡皮手套，在踏墊上做畫圈動作，可集中踏墊上的毛屑，以方便清理。

鞋櫃

看不見的地方也必須用心清理，並經常保持衛生乾淨。

由於鞋櫃經常散發出令人作嘔的味道。若這時還心存著「只要客人來訪時不要打開」的想法，家裡的鞋櫃絕對無法保持乾淨衛生。而來訪的客人萬一聞到異味時，場面將會十分尷尬，所以愈是看不到的地方就愈要加強打掃，千萬不可偷懶。

而鞋櫃內的汙垢，最多也只是大量的灰塵和泥沙，並沒有油垢，因此清理起來非常容易，雖然方法簡單，但衛生方面更須加強。

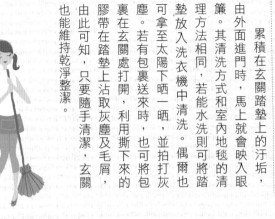

步驟掃除法

1

首先，在鞋櫃外鋪上一層報紙，以防止清掃時泥沙掉落地面。接著把鞋子全部拿出來，再用小掃帚將鞋櫃內的泥沙、灰塵掃除乾淨。另外，也可趁機整理鞋子並抹上鞋油，一舉兩得。

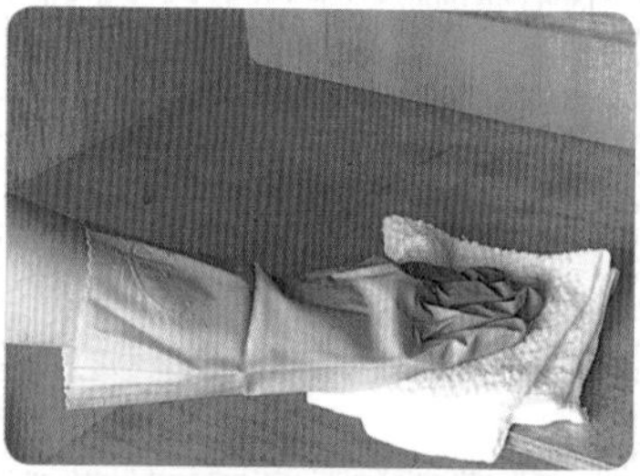

2

清潔鞋櫃時，別只是清除灰塵而已，應該利用洗潔劑將整個鞋櫃內部擦拭乾淨。此外，也可利用衛生筷將抹布搆不到的灰塵清出來，再用乾淨的濕抹布拭淨，最後以乾抹布將水分擦乾即可。

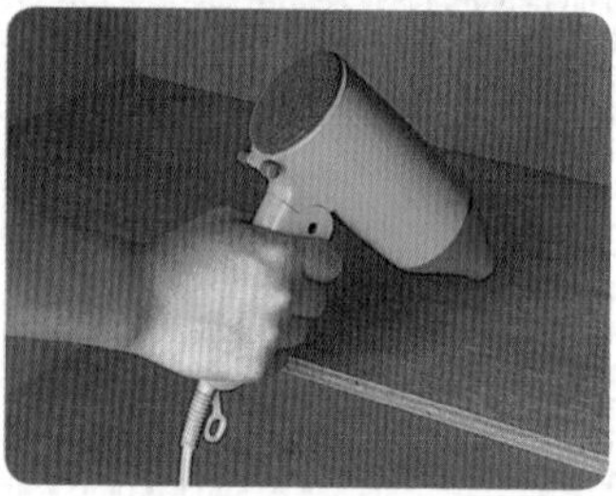

3

Check

接著，打開鞋櫃門使其自然風乾 2 至 3 小時，或者**使用吹風機將它快速吹乾**。因為鞋櫃若內含有水氣則容易發霉，所以務必保持乾燥。

4

在鞋櫃內噴防霉劑後鋪上報紙，再將鞋子放回鞋櫃內。如此一來，往後只要更換報紙即可，另外，更換報紙時也可放入一些除臭劑，防止異味產生。

房子四周

房屋四周關係著訪客來訪時的第一印象，所以應該定期檢查周圍的環境衛生。

門外的信箱、對講機、門牌等是清掃時不可忽略的地方，信箱內外可用小掃帚清掃灰塵，再以沾有洗潔劑的抹布擦拭後，並用濕抹布拭淨擦乾即可，屋外的其他部分也以同樣的方式清潔。若有生鏽的地方，須用清潔劑或還原性漂白水，將鐵鏽除掉，再塗上一層蠟油，可防止生鏽及灰塵沾黏的情形。

清潔溜溜小妙計

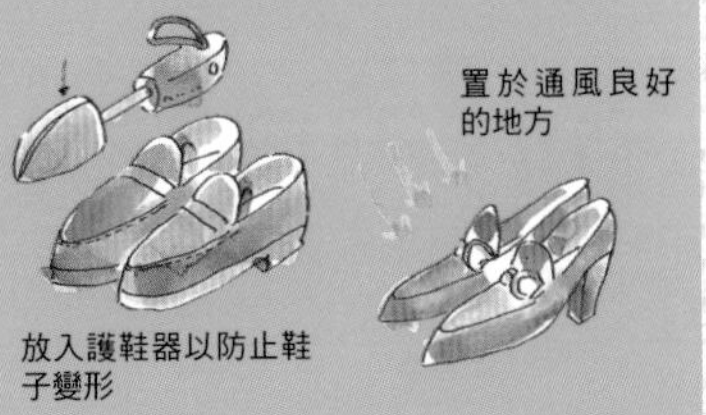

除臭妙方

大部分的人幾乎一整天都穿著鞋子，而鞋臭味就是因為人在一天當中流出的腳汗未能完全乾燥，所造成的難聞氣味。預防鞋子發臭的方法是將脫下的鞋子放置通風處，讓鞋子通風一下，不要馬上放入鞋櫃內，並且在鞋中放入除臭劑或乾燥劑，就可預防鞋臭味的產生。

start!! 步驟掃除法

1 清洗對講機時，可以抹布沾取家用清潔劑將整體擦拭一遍，再用擰乾的濕抹布擦去洗潔劑，最後擦乾即可。

2 對於比較不容易擦拭到的地方，可用棉花棒沾些洗潔劑來擦拭。至於門牌號碼、自來水表、電表、天然氣表等，也可以利用這種方式清理。

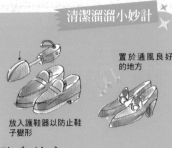

·玄·關·篇·
掃除密技大公開

how to do!!
達人教你這樣做！

★陽臺

❶欄杆、護欄等用濕擦法或沾有家用洗潔劑稀釋液的抹布來擦拭，再用乾抹布拭淨即可。若發現鐵欄杆上有生鏽情形，則須使用除鏽劑或去汙劑來去除鐵鏽。

❷木頭地板先以掃帚清掃乾淨，用吸塵器吸取灰塵。至於無法吸取的硬泥塊，則要用刷子刷乾淨。

❸若陽臺上有頑固的硬塊，可用塑膠刮刀將頑垢鏟出。當清除塵屑的工作大致完成後，可在地板上噴灑洗潔劑，以長刷子刷洗並用清水沖淨，並記得清理排水口附近的砂礫，才算大功告成。

★維持玄關清潔

保持玄關清潔的重點，在於每天以客人的角度巡視並確認，若發現地上出現髒東西或垃圾就馬上撿起，並隨手把散亂的鞋子收拾好，光是這兩個簡單的動作，就能讓玄關看起來整齊有序。

★地毯

家裡的玄關通常會鋪上地毯，一般來說，針對局部髒汙，可先以吸塵器除去灰塵碎屑，然後再用專門的清潔劑去汙，最後以半濕的抹布清潔乾淨；若地毯實在太髒，可趁換季時送乾洗。

★鞋櫃

檢視並丟掉該捨棄的鞋子後，要使鞋櫃保持乾燥，可在每層放竹炭、備長炭或吸濕盒除濕，也可放咖啡渣，用以去味、淨化空氣；但要避免直接用除濕機，以免鞋子受損。

★窗臺加水白蟻無處逃

在傍晚時刻或是更晚時，常會有些白蟻從玄關的窗臺闖入家中，此時，應趕緊拿些水倒在窗軌上，這樣一來，白蟻便無法入侵。因為白蟻的翅膀一遇到水即無法動彈，尤其無翅膀的白蟻更無法在水中久留，故在窗軌上的白蟻不須清除，自然也會有小蟲將牠們分解掉！

Exterior

為了讓家人過著舒適的生活，
徹底打掃居家環境非常重要，
但是光作表面清潔是不夠的，
應該學習以維護健康、保護自然環境，
為目的來清掃屋子內外。

Chapter 6

打造舒適的起居環境

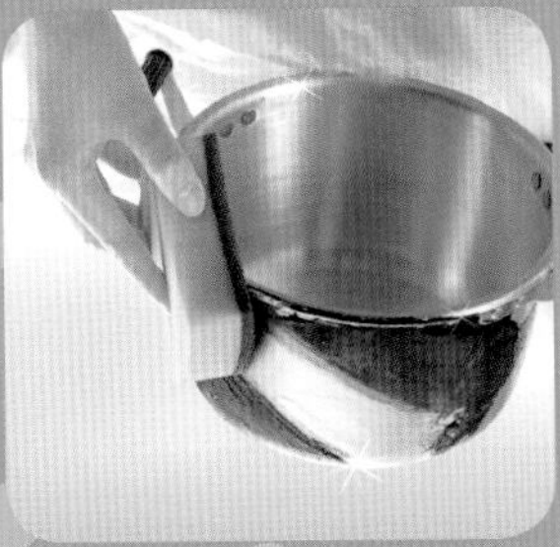
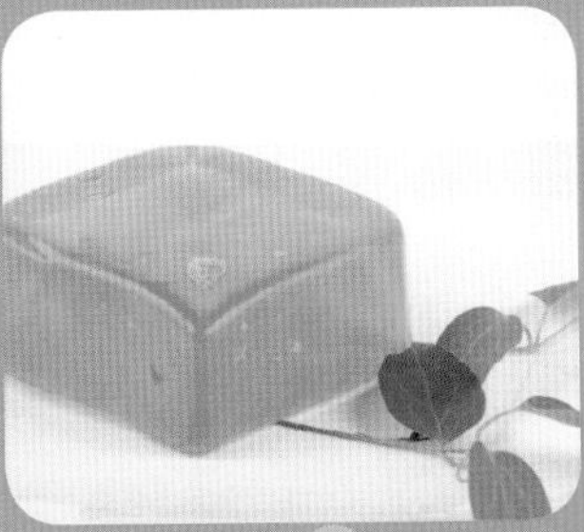
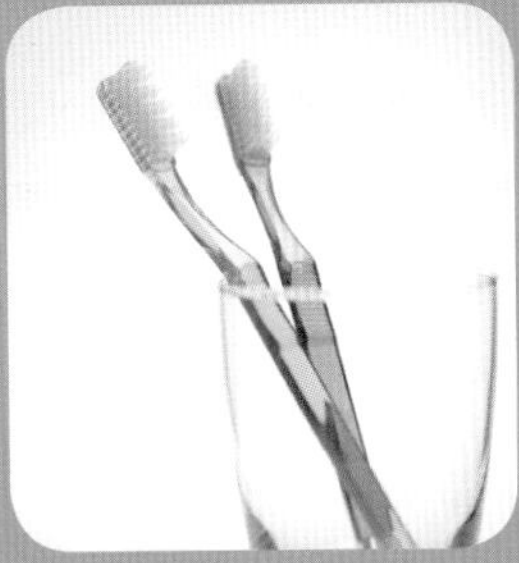

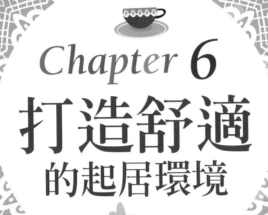

deodorization

除臭妙招

每個家庭裡多少都會產生臭味，只是身在其中的人不自覺罷了。不過，來訪的客人通常在一進門就聞嗅得到。因此，當你在除臭的同時，也可選用一些適合自己的芳香劑，以創造一個舒適的生活空間。

以香皂作爲芳香劑

浴室可以說是所有惡臭的集中處，特別是黴菌或排水不良所產生的味道，實在令人相當困擾，除了勤於清洗之外，其次就是選用芳香劑以保持浴室的芳香。可選擇香味比較強烈的香皂將其切成小塊狀，不但能散發出令人舒爽的香味，還可作為裝飾，若聞膩了也可把這些切塊的香皂拿來使用，充分物盡其用。

去除垃圾筒的氣味

放在廁所的芳香劑，當其分量已經變少時，可放入網狀袋子中，將此網黏貼於垃圾桶蓋子的內側，就能防止打開垃圾蓋所產生的惡臭，但要注意不可使用味道太甜的芳香劑，因其與臭味相混合後，將會變得更臭，應該選擇清爽柑橘類香味，較為合適。

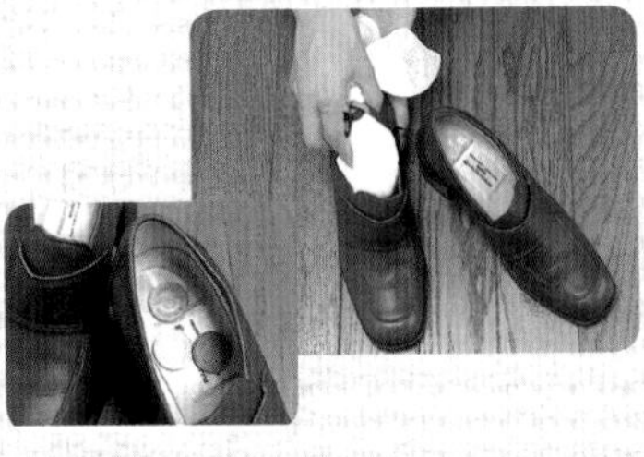

咖啡渣不僅能消除菸味，也能消除鞋臭味。

利用咖啡渣消除臭味

將使用過的咖啡渣鋪在菸灰缸中，由於咖啡渣帶有濕度，可以立即熄滅香煙，非常安全，而利用此方法還可避免用水熄滅時所產生的菸臭味。另外，也可將乾燥的咖啡渣撒在地板上，待其散發出淡淡的咖啡香後再以吸塵器吸除。

此外，取3大匙晾乾的咖啡渣置於盤子上，不須覆蓋保鮮膜，直接在微波爐內加熱約30秒，開啟爐門再靜置5分鐘，如此一來，也能去除微波爐內的食物氣味。

防止鞋臭味產生

在梅雨季節及炎炎夏日裡，鞋內散發出的臭味實在令人吃不消，這時可將具有除臭作用的咖啡渣放入紗布或舊襪子內，然後再放入鞋子中，便可消除鞋子的臭味。只要將咖啡渣晒一晒太陽，便可重複使用。

另外也可放入3至4枚銅板（含銅成分），以利用銅還原臭味及殺菌作用來防止鞋臭。此外，當要出門前，可先在鞋子中塞入沾有幾滴檸檬汁的紗布，也有除臭功效。

碗櫃的異味，可以藉由泡過的茶葉消除。

活用泡過的茶葉

碗盤櫃內的油漆味和食物的味道相混合會產生一種怪味，這時只要將泡過的茶葉放入鍋內翻炒，或用微波爐加熱2至3分鐘後，裝入盤內放在櫃子中，就可去除餐具櫃中的異味。另外，太過油膩的器皿也可先以茶葉渣擦拭一番，再用熱水沖洗，以去除油垢。

紅茶包活用法

紅茶茶葉具有強力的吸臭效果，只要擺放就產生良好的除臭效果，但使用過的茶包記得不要馬上丟棄，可放在廁所內除臭。此外，稍微骯髒的洗手臺也可利用茶包來清洗，輕輕一刷就會變得非常光亮。一定要試試！

紅茶渣消除冰箱異味

利用紅茶吸取味道的特點，可消除冰箱的臭味。將放置已久的紅茶或是使用過的紅茶渣盛放於小盤上，並放入冰箱的角落，即可達到消除臭味的功效。另外，喝紅茶與咀嚼紅茶葉還有預防口臭的效用，可使你齒頰生香。

將香水噴在燈罩上，能使房間充滿香味。

清淡的香水、古龍水

如果你不常使用香水，卻又常常收到香水之類的禮物，也許可以將其活用於家具上。舉例來說，把香水噴於燈罩上，當你打開電燈時，電燈的熱度會使香水揮發，而使房間內充滿香味。另外，也可以將香水噴在衛生紙的套子上，但注意不可直接噴灑於布製品上，否則將會產生斑點。

自然花香的芳香劑

廁所是家中最容易產生臭味的地方，所以一般家庭都習慣用芳香劑來除臭，但是應盡量避免使用太過強烈刺鼻的「芳香劑」，否則會更加突顯出廁所的異味。有鑑於此，應選擇一些散發出自然花香的芳香劑，不僅可使廁所清香宜人，也可當成裝飾品，可說是一物兩用。

橘子皮消除微波爐氣味

橘子、檸檬等柑桔類的水果果皮可以用來除臭、漂白、清淨物品。將一個橘子所剝下的橘子皮放入微波爐內加熱約30秒至1分鐘的時間，即可消除微波爐內的臭味，之後利用微波爐的水蒸氣配合抹布稍微擦拭，即可使其煥然一新。

・達・人・篇

居家收納10撇步

達人教你這樣做！

居家收納教戰守則！

居家整潔對一個家庭來說相當重要，但令清掃者最為困擾的莫過於「收納」，因家中即便清掃地再乾淨，但若有過多的物品堆積，將會造成視覺上的混亂而顯得雜亂無章。因此，本單元特別邀請部落格點閱率破萬人以上的掃除達人——「三姐妹居家清潔」，提供居家收納10撇步，以作為讀者們的教戰守則！

★觀念先打底

2

3

1

❶應避免出現「禁止及暫放一下下」的行為，因「暫放一下」的心態正是成家中凌亂的元凶，請務必當下把物品歸位，以養成良好習慣。

❷應有往前對齊，並統合物品的大小整齊排列的觀念。例如：書桌上隨手翻看的書，切勿一本本往上堆疊，既凌亂又難拿取，可用L型書架整理，並將書籍單本直立架起且書名朝外。如此一來，便能一眼看出各書的擺放位置，整齊又易取。

❸每天欣賞自己整理好的成果，有助於維持整齊。先將家中某個區塊收整乾淨，即便是一個櫃子也行，以此作為你的收納成果。之後，每天觀賞一下自己的收整結果，會因為看到清爽乾淨的空間而出現舒適、美好感，進而產生維持下去的動力。

★原則要把持

❶收納的重點應在美觀與實用性間取得平衡，故物品應以「容易取放」的原則來收納。

❷請掌握「先分類再收納」的原則，勿將不同屬性的物品一股腦兒地堆放在同一籃子內，以免日後東翻西找，又散亂一地而前功盡棄。

❸牢記「順便」、「同時」的原則最能節省時間與勞力。例如邊講電話邊擦拭家具，或洗澡時順便清洗一下浴缸，如此一來，家中便能常保整潔。

★行動應確實

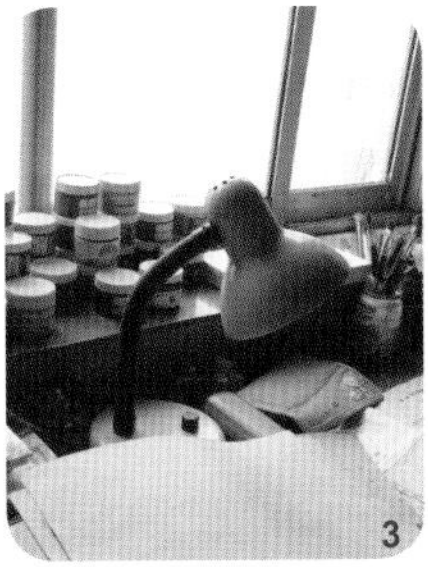

❶可先檢視家中經常散亂一方的物品，諸如小朋友的玩具、報紙、廣告傳單、筆、CD、要洗的衣物……等， 例如廣告傳單，通常進門會順手帶入，故可在玄關或門口放置一個紙箱，以作為報紙、DM傳單等容身處。

❷在門內鞋櫃上方設一個鑰匙懸掛處，務必養成物歸原處的好習慣。

❸千萬不要在桌子、地板、沙發上堆放物品，否則會更顯雜亂並越堆越多。

❹打掃前，先將要整理的地方清空，再開始清理。例如收納、整理家具時，應先將家具內的物品全部移出，接著再考慮每項物品的使用頻率與動線，再逐一決定其收納場所及位置。

家事王 掃除計畫表

每天多少進行一點打掃工作的人和一週才徹底打掃一次的人，其打掃計畫各不相同。讓我們為自己量身訂做一張充分利用時間，並配合作息的打掃計畫表吧！以下介紹的是每天、每月的計畫表。

每天掃除的重點，即是平常能輕易除汙的掃除工作。若能養成每天都稍微擦拭、清潔一下家裡不同區域的習慣，則不會殘留嚴重的汙垢。以吸塵器吸取灰塵或用掃帚稍微清掃一下，就能每天都生活在乾淨的環境中。

DAILY

- 乾拭地板。
- 利用吸塵器吸取沙發、窗簾上的灰塵。
- 擦拭廚房的流理臺。
- 用熱水沖一沖廚房的排水口。
- 擦拭馬桶、水箱。
- 用洗澡後的熱水清洗浴缸。
- 清洗盥洗用品。

MONTHLY

第四週	第三週	第二週	第一週	✻
打掃玄關四周	清洗洗手臺及清洗紗窗	擦拭鏡子	打掃玄關四周	月
擦拭門窗	清洗浴缸及牆壁	清洗燈罩	清洗冷氣機的濾網	火
★休息	清洗排水口的濾器	擦拭門窗及牆壁	打掃玄關四周	水
清洗紗窗	清洗瓦斯爐	清理鞋櫃	保養及檢查	木
清洗冷氣機的濾網	廚房地板	暖氣設備用清潔劑刷洗	★休息	金
清洗排水口的濾器	★休息	清洗洗手臺及清洗浴缸擦拭鏡子	為地板打蠟	土
清洗排水口的濾器	整理地毯	★休息	清洗大型物品及窗簾	日

Monthly計畫表

第四週	第三週	第二週	第一週	
				一
				二
				三
				四
				五
				六
				日

Monthly計畫表

第四週	第三週	第二週	第一週	
				一
				二
				三
				四
				五
				六
				日

國家圖書館出版品預行編目資料

掃除速速叫！懶人專用の家事完勝手冊／賴彥妃、活泉書坊編輯團隊 聯合編著 . -- 初版 -- 新北市中和區：活泉書坊出版 采舍國際有限公司發行 2016.2
面；公分．--（Color Life 48）
ISBN 978-986-271-669-4（平裝）

1. 家政

420　　　　　　105000348

活泉書坊

掃除速速叫！懶人專用の家事完勝手冊

出版者 活泉書坊
作　者 賴彥妃、活泉書坊編輯團隊
總編輯 歐綾纖
文字編輯 蕭珮芸
美術設計 蔡億盈

郵撥帳號 50017206 采舍國際有限公司（郵撥購買，請另付一成郵資）
台灣出版中心 新北市中和區中山路 2 段 366 巷 10 號 10 樓
電　話 （02）2248-7896　傳　真 （02）2248-7758
物流中心 新北市中和區中山路 2 段 366 巷 10 號 3 樓
電　話 （02）8245-8786　傳　真 （02）8245-8718
ISBN 978-986-271-669-4
出版日期 2016 年 2 月

全球華文市場總代理／采舍國際
地　址 新北市中和區中山路 2 段 366 巷 10 號 3 樓
電　話 （02）8245-8786　傳　真 （02）8245-8718

新絲路網路書店
地　址 新北市中和區中山路 2 段 366 巷 10 號 10 樓
網　址 www.silkbook.com
電　話 （02）8245-9896　傳　真 （02）8245-8819

本書全程採減碳印製流程並使用優質中性紙（Acid & Alkali Free）最符環保需求。

線上總代理 全球華文聯合出版平台
主題討論區 http://www.silkbook.com/bookclub ◎ 新絲路讀書會
紙本書平台 http://www.silkbook.com ◎ 新絲路網路書店
電子書下載 http://www.book4u.com.tw ◎ 電子書中心（Acrobat Reader）